脱硫技术问答

大唐环境产业集团股份有限公司　编

中国电力出版社
CHINA ELECTRIC POWER PRESS

图书在版编目（CIP）数据

脱硫技术问答 / 大唐环境产业集团股份有限公司编 .—北京：中国电力出版社，2018.12（2020.1重印）
（燃煤电厂环保设施技术问答丛书）
ISBN 978-7-5198-2933-9

Ⅰ.①脱… Ⅱ.①大… Ⅲ.①燃煤脱硫—问题解答 Ⅳ.① X51-44
中国版本图书馆 CIP 数据核字（2019）第 014111 号

出版发行：中国电力出版社
地　　址：北京市东城区北京站西街 19 号（邮政编码 100005）
网　　址：http：//www.cepp.sgcc.com.cn
责任编辑：安小丹（010-63412367）
责任校对：黄　蓓　李　楠
装帧设计：王红柳
责任印制：吴　迪

印　　刷：北京天宇星印刷厂
版　　次：2018 年 12 月第一版
印　　次：2020 年 1 月北京第二次印刷
开　　本：140 毫米 ×203 毫米　32 开本
印　　张：8
字　　数：297 千字
印　　数：2001-3500 册
定　　价：45.00 元

燃煤电厂环保设施技术问答丛书

编审委员会

《脱硫技术问答》编审组

主　　　编： 孙维本

副　主　编： 孟庆庆　曹书涛

编写组成员： 王力光　王铁民　闫欢欢　张　锐　赵海江
杨　涛　赵　羽　曹世翰　曹　腾　白　琴
卫耀东　姚贵忠　张　超

主　　　审： 江澄宇

会审组成员： 刘海洋　陶　君　李启全　田晓曼　黄　忻
赵允涛　王　炜　魏建鹏

序言

习近平总书记在党的十九大报告中指出："必须树立和践行绿水青山就是金山银山的理念，坚持节约资源和保护环境的基本国策，像对待生命一样对待生态环境。"只有坚持绿色发展，才能建设美丽中国，解决人与自然和谐共生问题，实现中华民族永续发展。在习近平新时代中国特色社会主义思想的指引下，国家发改委、生态环境部、国家能源局联合印发了《煤电节能减排升级与改造行动计划（2014—2020年）》与《全面实施燃煤电厂超低排放和节能改造工作方案》，要求到2020年，全国所有具备改造条件的燃煤电厂力争实现超低排放（即在基准氧含量6%条件下，烟尘、二氧化硫、氮氧化物排放浓度分别不高于10、35、50mg/m^3）。截至2017年底，全国已实施超低排放改造的煤电机组装机容量累计达到7亿kW，占全国煤电机组容量的比重超过70%。与此同时，我国燃煤电厂环保技术实现重大突破，以超低排放为核心的环保技术呈现多元化发展趋势，急需行业标准化、规范化。

大唐环境产业集团股份有限公司（以下简称大唐环境）是中国大唐集团有限公司发展环保节能产业的唯一平台，一直致力于能源与环境、大气污染控制工程方面的研究和应用，在以超低排放为核心的环保设施改造过程中，积累了丰富的实践经验。公司自2004年成立以来，产业结构不断优化，影响力日益增强，知名度不断提高，在节能环保领域的影响越来越大，2016年在香港联交所主板上市，现已成为中国电力行业节能环保领域的主导者和领先者。

大唐环境以环保设施特许经营业务为主导，兼顾工程建设和产品制造的综合性环保节能产业结构布局，业务覆盖燃煤电厂脱硫脱硝、除尘除渣、粉尘治理、能源和水务等环保节能全产业链，同时涉足可再生能源工程等多个业务领域，并将业务拓展至印度、泰国、白俄罗斯等"一带一路"沿线国家。目前，公司拥有世界最大的脱硫、脱硝特许运营规模，拥有世界最大的脱硝催化剂生产基地，拥有国际领先的节能环保工程解决方案，荣获"十三五"最具投资价值上市公司——

中国证券金紫荆奖。

事以才立，业以才兴。大唐环境坚持人才强企战略，不断深化人才体制机制的改革创新，大力培育集团级首席专家和行业领军人物，打造由行业专家为学术带头人，由技术骨干为中坚力量，由青年人才为基础的，梯次合理、实力雄厚的科技创新团队。先后主导、参与编写了多项环保节能国家标准、行业标准以及国际标准。共获得专利授权 673 项，其中发明专利 49 项；取得技术成果 30 余项，其中取得技术鉴定证书 13 项，2 项达到国际领先水平，8 项达到国际先进水平。累计完成技术标准编制并发布 11 项，其中主编的国际标准 1 项、主编的国家标准 1 项，参编的国际标准 2 项。

不忘初心，不改矢志。大唐环境坚持“创新、协调、绿色、开放、共享”的发展理念，以创新的思维、开放共享的态度，用铁肩担起祖国节能环保建设的重任，组织公司各专业技术专家，编写了《燃煤电厂环保设施技术问答丛书》。该丛书涵盖了燃煤电厂脱硫、脱硝、除尘除渣、废水处理专业内容，内容全面，深入浅出，贴近现实，着眼未来，站在技术前沿，为环保污染物治理提供了很好的指导、借鉴作用。

此丛书可供火力发电厂脱硫、脱硝、除尘除渣、废水处理等运行检修人员阅读；可供从事电力生产管理、运行维护、检修改造等工作的技术人员、安全管理、工程监理人员学习使用；可作为高等院校环境工程、热能与动力工程、化学工程等专业师生的参考书；同时，也可供其他相关企业借鉴、参考。

李奕

2018 年 12 月于北京

前言

《打赢蓝天保卫战三年行动计划》（国发〔2018〕22号）已由国务院发布。打赢蓝天保卫战，是党的十九大做出的重大决策部署，事关满足人民日益增长的美好生活需要，事关全面建成小康社会，事关经济高质量发展和美丽中国建设。治理大气污染的要求更加严格，电力行业污染物排放仍是国家关注的重点，脱硫、脱硝环保行业的发展面临严峻挑战和考验，污染物排放浓度严格控制以及环保设施治理成本的增加都将脱硫、脱硝行业推上了艰难之路。同时，随着环境保护要求的不断提高以及环保设施的改造，烟气脱硫脱硝装置运行维护也遇到了前所未有的新问题。面对新形势、新任务，国内大批从事脱硫脱硝环保行业的一线生产人员以及相关专业的在校师生，迫切需要一本理论基础知识和生产实际紧密结合的专业技术参考书。为此，大唐环境产业集团股份有限公司组织行业内具有丰富经验的专家、学者、工程技术人员等精心编写了这本《脱硫技术问答》。

本书采用问答的形式将复杂的问题分解成几个较小的问题来叙述和解答，浅显易懂，便于读者根据需要查阅参考。深入浅出，既有许多相关的基本知识，又有解决复杂疑难技术问题的分析方法和方案。涉及脱硫基础知识、工艺原理、运行维护、事故处理、超低改造、CEMS管理、法律法规等内容，结合实际，知识点全面，理论重点突出，操作性强。可供从事燃煤火力发电厂脱硫管理、运维等生产人员学习使用，其他行业也可借鉴参考。

本书共九章，由孙维本担任主编，孟庆庆、曹书涛担任副主编，江澄宇担任主审。第一、二章由孙维本、王力光、白琴编写；第三章由曹腾、赵羽编写；第四、五章由孙维本、曹书涛、闫欢欢、赵海江、张锐、杨涛编写；第六、七章由曹世翰、赵海江编写；第八、九章由闫欢欢、王铁民、卫耀东、姚贵忠、张超编写。刘海洋、陶君、李启全、田晓曼、黄忻、赵允涛、王炜、魏建鹏参加书稿的会审。同时，邀请国内知名电力设计院、科研院等相关专家以及多名电厂生产技术人员审阅，提出了大量宝贵的意见，在此深表谢意。

在本书编写过程中，查阅了部分设备制造商产品说明书、国内外参考文献、专业书籍，并引用了相关技术文件中的部分观点及资料，对此表示衷心感谢。

由于水平所限，加之时间仓促，书中存在的不足之处恳请广大读者批评指正。

编者
2018 年 12月

目 录

第一章　燃煤电厂污染物排放概述

第一节　基础知识

1. 简述火力发电厂的生产过程。

答：火力发电厂的生产过程概括起来就是通过高温燃烧把燃料的化学能转变成热能，从而将水加热成高温高压蒸汽，然后利用蒸汽推动汽轮机，把热能转变成转子转动的机械能，再通过发电机把机械能转变为电能。

2. 燃煤中硫的分类有哪些?

答：燃煤中硫按其存在形态划分可分为无机硫和有机硫两大类；按燃烧特性划分可分为可燃硫和不可燃硫两大类。煤中有机硫化物、无机硫化物、元素硫均为可燃硫，通常是构成全硫的主体，在锅炉中燃烧主要产生二氧化硫，并伴有少量三氧化硫，煤中全硫含量越高，可燃硫所占比例一般也越大。煤中不可燃硫主要为硫酸盐硫，它一般存在于灰渣中，灰渣中硫酸盐含量将影响其综合利用价值，其含量越高，利用价值越低。

3. 煤中硫的性质有哪些?

答：煤中的硫由有机硫、硫化铁和硫酸盐中的硫3部分组成。前两种硫可以燃烧，构成所谓的挥发硫或可燃硫；后一种硫不能燃烧，将其并入灰分。硫是煤中的有害元素。

4. 动力煤干燥基硫分（$S_{t,d}$）范围是如何分级的?

答：动力煤干燥基硫分共分为5个等级：

（1）特低硫煤：$S_{t,d} \leq 0.50\%$。

（2）低硫煤：$0.51\% \leq S_{t,d} \leq 0.9\%$。

（3）中硫煤：$0.91\% \leq S_{t,d} \leq 1.50\%$。

（4）中高硫煤：$1.51\% \leq S_{t,d} \leq 3.00\%$。

（5）高硫煤：$S_{t,d} > 3.00\%$。

5. 燃煤电厂排放的大气污染物主要有哪些？

答：燃煤电厂排放的大气污染物主要有总悬浮颗粒物、硫氧化物、氮氧化物、二氧化碳、多环芳烃类物质、重金属（如汞、镉、铅等）等。

6. 简述燃煤电厂二氧化硫的排放现状。

答：截至2017年底，全国燃煤电厂100%实现脱硫后排放，已投运煤电烟气脱硫机组容量达9.4亿kW，约占煤电容量的95.8%。全国累计完成燃煤电厂超低排放改造7亿kW，占全国煤电机组容量比重超过70%。燃煤电厂二氧化硫排放绩效从2005年的6.4g/（kW·h）降至2017年0.26g/（kW·h），SO_2排放总量由2010年的926万t下降到2017年的120万t。[1]

7. 燃煤电厂对环境造成的污染主要有哪几个方面？

答：燃煤电厂对环境造成的污染主要有：

（1）粉尘排放造成的污染。

（2）硫氧化物、氮氧化物、二氧化碳、一氧化碳等排放造成的污染。

（3）固体废弃物（粉煤灰、渣、石膏、污泥）造成的污染。

（4）废水排放造成的污染。

（5）生产过程中产生的噪声污染。

（6）电磁辐射污染。

（7）高温废水排放造成的热污染。

8. 大气污染物中 SO_2 的主要危害是什么？

答：大气污染物中SO_2主要来源于化石燃料燃烧。在燃烧过程中排放出的大量SO_2经氧化后形成酸雨，造成森林破坏、土壤板结、水体酸化等相关生态问题；同时，SO_2可使呼吸道疾病发病率增高，慢性病患者的病情迅速恶化，对人类的健康造成直接威胁。

9. 大气污染物中 NO_x 的主要危害是什么？

答：大气污染物中NO_x主要来源于化石燃料的燃烧。NO_2与SO_2、

[1] 《中国电力行业年度发展报告2018》。

颗粒物、臭氧等共同作用造成复合污染；大气中的NO_x在太阳光照射下与挥发性有机物（VOC_s）经过一系列光化学氧化反应生成“光化学烟雾”，“光化学烟雾”是一种具有强烈刺激性的淡蓝色烟雾，可使空气质量恶化，对人体健康和生态环境造成损害；NO_x中对人体健康危害最大的是NO_2，主要是损害呼吸系统，可引起支气管炎和肺气肿。

10. 造成温室效应的气体主要有哪些？

答：造成温室效应的气体主要有水蒸气、二氧化碳、甲烷、一氧化二氮，特别是后3类气体对地球表面红外辐射吸收力很强，是造成地球温室效应的主要气体。甲烷的温室效应是二氧化碳的20~40倍，一氧化二氮的温室效应是二氧化碳的100~200倍。

11. 燃煤电厂中硫对机组的危害有哪些？

答：锅炉燃用高硫煤可引起锅炉高低温受热面腐蚀，特别是高、低段空气预热器往往会有腐蚀穿孔且伴随堵灰的现象；煤中含硫量增加将导致煤灰熔融性温度下降，使锅炉易产生结渣或加剧其结渣的严重程度；此外，含硫铁矿高的煤会加速输煤设备及制粉系统的磨损。

12. 简述二氧化硫的物理及化学性质。

答：二氧化硫又名亚硫酐，为无色有强烈辛辣刺激味的不燃性气体。分子量为64.07，密度为2.3g/L，溶点为-72.7℃，沸点为-10℃。溶于水、甲醇、乙醇、硫酸、醋酸、氯仿和乙醚。易与水混合，生成亚硫酸（H_2SO_3），随后转化为硫酸。在室温及392.266 ~ 490.3325kPa（4 ~ 5kg/cm^2）压强下为无色流动液体。

13. 什么是酸雨？

答：酸雨通常是指pH值小于5.6的雨雪或其他形式的降水（如雾、露、霜），是一种大气污染现象。酸雨的酸类物质绝大部分是硫酸和硝酸，它们是由二氧化硫和氮氧化物两种主要物质在大气中经过一系列光化学反应、催化反应后形成的。

14. 酸雨对环境有哪些危害？

答：酸雨对环境和人类的影响是多方面的。酸雨对水生生态系统的危害表现在酸化的水体导致鱼类减少和灭绝。酸雨对陆生生态系统的危害表现在使土壤酸化，危害农作物和森林生态系统；酸雨渗入地下水和进入江河湖泊中，会引起水质污染；土壤酸化后，有毒的重金属离子从土壤和底质中溶出，造成鱼类中毒死亡；另外，酸雨还会腐蚀建筑材料，使其风化过程加速；受酸雨污染的地下水、酸化土壤上生长的农作物还会对人体健康构成潜在的威胁。

15. 脱硫工艺的基础理论是利用二氧化硫的什么特性?

答：（1）二氧化硫的酸性。

（2）与钙等碱性元素能生成难溶物质。

（3）在水中有中等的溶解度。

（4）还原性。

（5）氧化性。

16. 燃煤电厂废水主要包括哪些?

答：燃煤电厂废水主要包括经常性排水和非经常性排水。经常性排水包括锅炉补给水处理系统再生排水、化验室排水、凝结水处理再生废水、澄清过滤设备排放的泥浆废水、锅炉排污水、冲灰废水、脱硫废水、生活污水等。非经常性排水包括锅炉化学清洗废水、机组启动排水、空气预热器碱性清洗排水、凝汽器及冷却塔冲洗废水、煤场废水等。

17. 什么是火力发电厂的发电煤耗和供电煤耗？为什么说它们是衡量发电厂经济性的重要指标?

答：发电煤耗是指发电厂每发1kW·h的电能所消耗的煤量，单位是g/（kW·h）。

供电煤耗是指扣除发电厂自用电后，发电厂每供出1kW·h的电能所消耗的煤量，单位是g/（kW·h）。

由于在发电成本中，燃料成本约占总成本的70%以上，因此降低燃料消耗量可以大大提高发电厂的经济性。

18. 烟气脱硫技术的分类有哪些？

答：烟气脱硫技术的分类如下：

（1）按脱硫剂的种类可分为以$CaCO_3$为基础的钙法、以MgO为基础的镁法、以Na_2SO_3为基础的钠法、以NH_3为基础的氨法、以有机碱为基础的有机碱法。

（2）按吸收剂及脱硫产物在脱硫过程中的干湿状态可分为湿

法、干法和半干法。

（3）按脱硫产物的用途可分为抛弃法和回收法。

19. 什么是湿法烟气脱硫？

答：湿法烟气脱硫是采用液体吸收剂洗涤烟气，以吸收SO_2，脱硫效率高，但脱硫后烟气温度低，不利于烟气在大气中扩散，部分脱硫系统采取在脱硫后对烟气再加热。

20. 烟气脱硫在吸收塔内的物理化学反应主要有哪些？

答：采用石灰石浆液吸收烟气中的SO_2，一般认为在吸收塔内主要有以下一系列复杂的物理化学反应：SO_2的吸收、石灰石的溶解、亚硫酸氢根的氧化和石膏结晶等。

21. 脱硫效率是如何计算的？

答：脱硫效率是指由脱硫装置脱除的SO_2量与未经脱硫前烟气中所含SO_2量的百分比，计算公式为

$$\eta=\frac{C_1-C_2}{C_1}\times 100\%$$

式中　C_1——脱硫前烟气中SO_2的浓度（折算到标准状态、干基、$6\%O_2$），mg/m^3；

C_2——脱硫后烟气中SO_2的浓度（折算到标准状态、干基、$6\%O_2$），mg/m^3。

22. 如何计算吸收剂利用率？

答：吸收剂利用率（η_{Ca}）等于单位时间内从烟气中吸收的SO_2摩尔数（已脱除SO_2摩尔数）除以同时间内加入系统的吸收剂中钙的总摩尔数，即

η_{Ca}（%）=已脱除SO_2摩尔数/加入系统的吸收剂中Ca的总摩尔数×100%

23. 什么是脱硫设施投运率?

答：脱硫设施投运率是指脱硫设施年正常运行时间与燃煤发电机组年运行时间之比。

24. 影响湿法烟气脱硫性能的主要因素有哪些?

答：影响湿法烟气脱硫性能的主要因素有吸收剂品质、入口烟气

参数、吸收浆液pH值、液气比、钙硫比等。

25. 脱硫原烟气的定义是什么?

答：进入脱硫系统前未经处理的烟气称为脱硫原烟气。

26. 脱硫净烟气的定义是什么?

答：经脱硫装置处理后的烟气称为脱硫净烟气。

27. 脱硫系统设备压力降指的是什么?

答：脱硫系统设备压力降指的是脱硫系统进口和出口烟气平均全压之差，单位为帕（Pa）。

28. 什么是脱硫吸收塔?

答：脱硫吸收塔是指脱除SO_2等有害物质的反应装置。

29. 泵的定义是什么？有什么作用?

答：泵是输送流体或使流体增压的机械设备。泵的作用是把原动机的机械能或其他能量传递给流体，使流体能量增加。

第二节　烟气深度治理

1. 燃煤电厂烟气深度治理有哪些方面?

答：（1）燃煤电厂烟气脱汞。

（2）燃煤电厂烟气SO_3脱除。

（3）燃煤电厂“有色烟羽”治理。

（4）高效脱硫废水零排放。

（5）烟气多种污染物高效、节能协同治理技术。

2. 简述汞的物理性质和化学性质。

答：汞俗称水银，元素符号Hg，相对原子质量为200.59，是常温常压下唯一以液态存在的金属。

物理性质：汞的熔点为−38.87℃，沸点为356.6℃，密度为13.59g/cm^3。内聚力很强，在空气中稳定，常温下蒸发出有剧毒的汞蒸气；汞对水、大气以及土壤等生态环境有较大危害，是一种具有强挥发性、生物累积性及环境持久性的剧毒污染物。

化学性质：汞的化合价为+1和+2，可溶于硝酸和热浓硫酸，分别生成硝酸汞和硫酸汞，汞过量则出现亚汞盐；汞能溶解许多金属，形成合金，合金叫作汞齐；能够与空气中的硫化氢反应；汞具有恒定的体积膨胀系数，其金属活跃性低于锌和镉，且不能从酸溶液中置换出氢。

3. 燃煤电厂烟气中汞是如何产生的?

答：煤中含有一定量的汞，这些汞进入炉膛后，大部分在一定温度下转化为单质汞（Hg^0）。烟气经过水冷壁、过热器、再热器和省煤器后逐步冷却，在此过程中气相单质汞将会发生以下几种不同的变化：

（1）部分被飞灰通过物理、化学吸附和化学反应等几种途径吸收转化为颗粒汞（Hg^P）。

（2）部分与其他燃烧产物相互作用产生氧化态汞（Hg^{2+}），主要包括$HgCl_2$、HgO、$HgSO_4$和HgS等，其中大多数是$HgCl_2$，气相$HgCl_2$中一部分保持气态随烟气排出，另一部分被飞灰颗粒吸收转变成颗粒态汞。

（3）大部分气相单质汞保持不变，随烟气排出。

4. 燃煤电厂烟气中汞的主要形态有哪些?

答：燃煤电厂烟气中汞的主要形态有3种：零价单质汞（Hg^0）、二价离子汞（Hg^{2+}）和颗粒汞（Hg^P），其中二价离子汞易溶于水，可通过湿法烟气脱硫系统脱除，颗粒汞可通过除尘脱除，而占比例最大的单质汞（Hg^0）由于其强挥发性和难溶于水等特性，难以借助现有烟气净化设备脱除。

5. 燃煤电厂常用脱汞技术有哪些?

答：按照燃煤电厂汞控制技术的位置可分为燃烧前脱汞、燃烧中脱汞和燃烧后脱汞。

（1）燃烧前脱汞是指在煤炭进入锅炉燃烧前，采用各种选洗煤技术或热解法脱汞技术来减少燃煤汞的排放。洗煤技术是基于煤与其他杂质的分离来减少煤中的汞，有浮选法、重力法等，脱汞效率可达21%~37%。热解法脱汞是利用汞的高挥发性，在不损失煤炭碳素的温度条件下，在高温高压环境下用热加工容器对煤进行热处理，煤炭中的汞及其化合物从煤中挥发出来，脱汞效率可达80%以上。

（2）燃烧中脱汞主要是通过改进燃烧方式实现，一般采用流化床燃烧、低氮燃烧、加入有效添加剂等方式减少烟气中汞的排放。例如加入溴、氯化氢或氯化铵等卤素化合物添加剂后，可以氧化烟气中的零价汞，实现燃煤汞污染控制，脱汞效率可达80%以上。

（3）燃烧后脱汞是汞控制技术的主要方式，是指在尾部烟道内利用污染物控制装置进行汞的脱除。一般有协同效应脱汞、烟气喷射吸附剂脱汞、新型燃煤脱汞技术等。协同效应脱汞是指利用现有烟气治理设施对燃煤烟气汞进行协同控制，包括选择性催化还原脱硝装置（SCR）、静电除尘器（ESP）、布袋除尘器（FF）等颗粒物控制装置及湿法脱硫装置等；烟气喷射吸附剂脱汞是采用活性炭、飞灰等吸附剂实现对燃煤烟气汞的高效脱除；新型燃煤脱汞技术主要是利用低温等离子体技术、臭氧氧化脱汞技术、光催化氧化脱汞等新技术实现燃煤烟气高效脱汞。

6. 简述吸附剂喷射烟气脱汞技术。

答：吸附剂喷射烟气脱汞技术是指向烟道内喷入脱汞吸附剂，将气相中的Hg^0和Hg^{2+}转化成Hg^P，结合电除尘器（ESP）或布袋除尘器（FF）除去吸附后的吸附剂，实现降低燃煤烟气汞排放的目的。该技术是现阶段燃煤烟气最为有效和成熟的烟气脱汞技术。目前常见的脱汞吸附剂有钙基吸附剂、活性炭、生物质焦、燃煤飞灰、非碳基类等，其中应用最为成熟的是活性炭喷射脱汞技术。

7. 简述燃煤电厂烟气中 SO_3 的生成过程。

答：（1）在燃烧过程，煤炭中的硫会被氧化生成SO_2，由于燃烧过程中的过量空气系数一般大于1，锅炉内的氧原子会将0.5%~2.0%的硫氧化形成SO_3。

（2）烟气在温度较高时，小部分的硫也会被氧化生成SO_3。

（3）高温烟气中的SO_2在SCR中也会被催化氧化生成SO_3。

8. 燃烧过程中影响 SO_3 生成的因素有哪些？

答：（1）炉膛内氧原子的浓度。氧原子的浓度随着火焰温度的升高而增大，随着氧原子浓度的提升及烟气在高温区停留时间的增长，SO_2分子和氧原子碰撞概率越大，SO_3的生成量就会越多。

（2）炉膛内过量空气系数。过量空气系数越高，炉膛内O_2含量越高，O_2在高温下分解产生氧原子，使氧原子浓度增高，加快SO_3生成。

（3）飞灰、金属壁面催化影响。煤燃烧过程中会产生含有氧化铁、氧化硅、氧化铅等金属氧化物的飞灰，在金属受热面的表层氧化膜中含有V_2O_5等物质，这些物质均会催化SO_2氧化成SO_3的反应，使得SO_3的生成量增加。

9. 燃煤电厂烟气中 SO_3 的危害有哪些？

答：（1）对人体的危害。SO_3是一种具有强腐蚀性、强毒性以及强刺激性的大气污染物，一旦吸入将会影响呼吸系统功能，危害人体健康。

（2）对环境的危害。未经处理的烟气中含有大量的SO_3，会与水蒸气结合生成硫酸雾滴，是造成酸雨的主要原因之一。

（3）对设备的危害。SO_3浓度增加会显著提高烟气的酸露点温度，硫酸冷凝结露造成设备低温腐蚀；而通过提高空气预热器的排烟温度又会加大排烟热损失，影响锅炉效率；SO_3还会与脱硝过程中生成的氨气和水蒸气反应生成NH_4HSO_4，NH_4HSO_4结晶易造成空气预热器堵塞。

（4）对脱硝系统的影响。在SCR装置中，SO_3和氨气、水蒸气生成的H_2SO_4、$(NH_4)_2SO_4$以及NH_4HSO_4会吸附在SCR脱硝催化剂表面，腐蚀催化剂，改变催化剂的活性，影响脱硝效率。

（5）降低脱汞效率。SO_3也会在一定程度上降低协同脱汞装置的效率。

10. 燃煤电厂中 SO_3 脱除技术有哪些？

答：（1）喷射碱性物质。一般分为炉内喷射和炉后喷射。炉内喷射一般是直接在炉膛中喷入已配置成浆液的碱性物质（如氢氧化钙、氢氧化镁和氧化镁等）与SO_3充分反应，从而实现SO_3的脱除，去除率一般为40%~80%；炉后喷射碱性物质（一般喷射氢氧化钙、氢氧化镁、石灰石和天然碱等）可以减少SO_3对空气预热器的腐蚀，去除率可达90%。

（2）优化SCR脱硝装置。烟气SCR脱硝催化剂中的V_2O_5作为一种强氧化剂，会加速SO_2向SO_3的转化过程，因此通过适当增减催化剂中各组分，从而达到降低SO_3含量的目的；此外，减小SCR系统内烟气的停留时间可以降低SO_2向SO_3的转化率，因此可以适当减小催化剂的厚度和表面积，从而控制脱硝过程中SO_3的生成。

（3）采用湿式静电除尘器协同脱除SO_3。通过高压电晕放电使烟气中的SO_3气溶胶荷电，荷电后的SO_3被电场捕集，随水膜流下从而被去除，脱除效率一般为80%～95%。

（4）采用低低温静电除尘器协同脱除SO_3。低低温静电除尘器是在电除尘器之前增设了烟气回收系统，将进入电除尘器的烟气温度下调到烟气酸露点以下，促使烟气中大部分SO_3冷凝形成硫酸雾并与粉尘结合，再经由电除尘器去除，脱除率可达70%以上。

11. 湿式静电除尘器协同脱除烟气 SO_3 有哪些优缺点?

答：（1）优点：

1）SO_3脱除效率高且稳定。

2）对其他细灰颗粒物有明显的脱除效果。

（2）缺点：

1）空气预热器等设备会发生低温腐蚀和设备堵塞问题。

2）对燃煤锅炉热效率提高无影响。

3）对设备要求严格，前期投资、设备运营成本高。

4）适用性差，只适用于特定条件的烟气脱硫处理。

12. 炉内喷射碱性物质脱除烟气 SO_3 有哪些优缺点?

答：（1）优点：

1）降低了烟气酸露点温度，减轻或消除锅炉尾部低温腐蚀现象，保护设备。

2）减少火力发电厂排烟热损失，提高热效率。

3）脱硫效率高，不改变烟气性质。

（2）缺点：由于碱性物质喷射位置在SCR反应器之前，所以对SCR装置中SO_3生成量和脱除效果没有影响。

13. 在 SCR 反应器和空气预热器之间喷射碱性物质脱除烟气 SO_3 有哪些优缺点?

答：（1）优点：可有效减缓空气预热器中硫酸氢铵和灰黏结造

成的空气预热器堵塞问题。

（2）缺点：无法脱除SCR反应器内的SO_3，进而无法减轻硫酸氢铵对SCR催化剂的不利影响。

14. 燃煤电厂为什么需要脱除 SO_3？

答：一般情况下，原烟气中的SO_3浓度很低，对设备的影响较小，且在一定情况下有助于提高除尘效率。由于SCR运行操作过程中无法避免喷氨过量和氨逃逸现象的发生，过量的NH_3会与SO_3和水蒸气反应生成NH_4HSO_4，NH_4HSO_4结晶易造成空气预热器堵塞，还会吸附在SCR脱硝催化剂表面，腐蚀催化剂，改变催化剂的活性，影响脱硝效率；此外，SO_3浓度增加会显著提高烟气的酸露点温度，硫酸冷凝结露造成设备低温腐蚀；因此，在无法控制氨逃逸的情况下，电厂需要进行SO_3的脱除。

15. 燃煤电厂“有色烟羽”是如何形成的？

答：燃煤电厂湿法脱硫一般采用喷淋洗涤工艺，在去除二氧化硫的同时，大量液态水被气化进入烟气中，烟气温度降低到50℃左右，与烟气的水露点温度接近，这种饱和湿烟气不经过再加热而直接排入大气的排放方式称为“湿烟气排放”。烟囱排出的湿烟气与温度较低的环境空气接触，在烟气降温过程中，烟气中所含水蒸气过饱和凝结，凝结水滴对光线产生折射、散射，从而使烟羽呈现出白色或者灰色，尤其是SO_3较多时，呈现出蓝色或者黄色，称其为“有色烟羽”（即俗称的“大白烟”“白雾”“白色烟羽”“蓝色烟羽”等）。

16. 燃煤电厂“有色烟羽”对环境有哪些影响？

答：从本质上讲，“有色烟羽”现象就是湿烟气中水汽凝聚产生的水雾，不会对环境造成污染。相比干烟气排放，污染物排放总量不会变化。但是采用湿烟气排放时，“有色烟羽”的抬升高度会有所降低，扩散效果相对较差，污染物在烟囱附近的落地浓度会增加，对周边环境有一定影响。环境温度低、除雾效果较差时，则有可能发生“烟囱雨”现象。此外，在北方冬季等特定情况时，“有色烟羽”长度可达2km以上，会遮挡阳光，导致周边居民长时间无法照射到阳光。

17. 影响燃煤电厂“有色烟羽”严重程度的因素有哪些？

答：（1）季节。有色烟羽严重程度排序为冬季＞秋季≈春季＞

夏季。

（2）时间段。夜间有色烟羽较严重，中午较轻。

（3）天气情况。阴雨天有色烟羽较严重。

（4）地区分布。北方地区出现有色烟羽比例明显比南方地区高。

（5）脱硫工艺。干法脱硫工艺和采用烟气加热的电厂基本没有有色烟羽情况（除冬季），但在温度极低的地区（例如东北地区冬季）也有较严重的有色烟羽；未采取烟气换热器的湿法烟气脱硫系统“有色烟羽”现象较为明显。

18. 影响燃煤电厂“有色烟羽”长度的因素有哪些?

答：（1）环境温度。随着环境温度降低，有色烟羽长度呈指数关系增加，有色烟羽治理难度越大。

（2）烟气温度。烟气温度越低，有色烟羽长度越小，采用降温措施可以在一定程度上减弱或消除有色烟羽现象。

（3）环境风速。环境风速越大，有色烟羽飘散的距离越远。

（4）烟气速度。烟气速度越大，有色烟羽的长度越大。

（5）环境相对湿度。在环境相对湿度较高时，有色烟羽的长度呈指数关系急剧增大，烟羽影响范围增大，有色烟羽治理难度增大。

19. 燃煤电厂“有色烟羽”治理技术有哪些?

答：根据有色烟羽形成及消散的机理，可将现有的对有色烟羽有治理效果的技术归纳为烟气加热技术、烟气冷凝技术、烟气冷凝再热技术、浆液冷凝技术、浆液冷凝技术+ MGGH烟气冷凝再热技术、冷却塔排烟（烟塔合一）技术。

20. 简述燃煤电厂“有色烟羽”治理烟气加热技术。

答：烟气加热技术是对脱硫出口的湿饱和烟气进行加热，使得烟气相对湿度远离饱和湿度曲线，烟气不发生冷凝从而不产生烟羽，一般分为间接换热和直接换热。

间接换热的主要代表技术有回转式烟气换热器、管式烟气换热器、热管式烟气换热器、低低温烟气处理系统（MGGH）、蒸汽加热器等。

直接换热的主要代表技术有热二次风混合加热、燃气直接加热、热空气混合加热等。直接加热一次投资低，但是运行费用高，间接加热中回转式烟气换热器和管式烟气换热器主要存在漏风的问题。目前，低低温烟气处理系统（MGGH）应用最为广泛。

21. 简述燃煤电厂“有色烟羽”治理烟气冷凝技术。

答：烟气冷凝技术是对脱硫出口的湿饱和烟气进行冷却，使得烟气沿着饱和湿度曲线降温，在降温过程中含湿量大幅下降。燃煤电厂目前已有烟气冷凝的主要代表技术有相变凝聚器、冷凝析水器、脱硫零补水系统、烟气余热回收与减排一体化系统等。冷凝技术按换热方式主要分为两大类：间接换热和直接换热；根据冷源的不同冷凝技术又分为水冷源、空气冷源和其他人工冷源。

22. 简述燃煤电厂“有色烟羽”治理烟气冷凝再加热技术。

答：烟气冷凝再加热技术是烟气加热技术和烟气冷凝技术方式的组合。湿烟气在一定状态下经过降温再冷凝，再加热后与原烟气混合、冷却至环境温度，整个过程不与饱和湿度曲线相交，从而避免“有色烟羽”现象的产生。

23. 烟气冷凝再加热技术有哪些特点?

答：（1）节水。通过冷凝换热方式降低烟气温度，使得烟气过饱和，水汽析出形成凝结水，通过换热管和后置除雾器实现液滴的有效捕集，达到节水目的。

（2）多污染物脱除。烟气冷凝技术通过烟气相变凝聚、热泳、雨室洗涤、湿式惯性碰撞捕集、湿式除尘等多种作用，进一步降低烟气中的SO_3、烟尘、Hg等污染物，实现多污染物联合脱除，若与湿式电除尘装置联合应用，污染物脱除效果会更加明显。

（3）降低烟气再热热源消耗。由于烟气冷凝降温后，烟气湿度大幅降低，所以消除“有色烟羽”所需的烟气温度升幅大大降低。这可以减少烟气再热的能耗，进而降低机组能耗，烟气温度降低越多，烟气需要加热的幅度也越小，环境温度越低时这种趋势更加明显。

（4）完全消除“有色烟羽”现象。当环境温度高于15℃时，采用烟气再热技术将烟气温度从50℃升高到75℃，不会产生“有色烟羽”现象；如果烟气温度降至40℃，只需加热到约70℃即可消除“有色烟羽”；但当环境温度降低到5℃时，烟气温度则需要加热到约120℃才能消除“有色烟羽”。

24. 简述浆液冷凝技术特点。

答：浆液冷凝技术是在脱硫吸收塔顶层喷淋层或次顶层循环泵出口管道上布置浆液换热器，利用循环水在浆液换热器内降低顶层或次顶层喷淋层浆液温度，降温后的浆液对吸收塔内的饱和烟气进行降温除湿，烟气中的水分析出，实现减少排湿量、节水的目的，从而消除烟羽的形成。

25. 简述浆液冷凝技术 +MGGH 烟气冷凝再热技术的特点。

答：浆液冷凝技术利用脱硫吸收塔顶层喷淋层或次顶层循环泵出口管道上布置的浆液换热器降低喷淋层浆液温度，降温后的浆液对吸收塔内的饱和烟气进行降温除湿，烟气中的水分析出，MGGH烟气冷凝再热技术利用原烟气加热热媒水（烟气冷却器布置在脱硫塔前），然后用热媒水加热脱硫后的净烟气（烟气再热器布置在脱硫塔后），通过两种方式的结合，能够高效除湿，消除烟羽，但缺点是需要布置双重换热器，烟气阻力增大。

第二章　烟气脱硫工艺

1. 燃煤电厂常用的脱硫工艺有哪几种？

答：（1）石灰石/石灰–石膏湿法烟气脱硫。

（2）烟气循环流化床脱硫。

（3）喷雾干燥法脱硫。

（4）炉内喷钙尾部烟气增湿活化脱硫。

（5）海水脱硫。

（6）电子束脱硫等。

2. 按脱硫剂的种类划分，烟气脱硫技术可分为哪几种？

答：（1）以$CaCO_3$为基础的钙法。

（2）以MgO为基础的镁法。

（3）以Na_2SO_3为基础的钠法。

（4）以NH_3为基础的氨法。

（5）以有机碱为基础的有机碱法。

3. 按照煤燃烧过程中的脱硫工艺的位置，脱硫技术分为哪几种？

答：根据控制SO_2排放工艺在煤炭燃烧过程中的不同位置，可将脱硫工艺分为燃烧前脱硫、燃烧中脱硫和燃烧后脱硫。燃烧前脱硫主要是选煤、煤气化、液化和水煤浆技术；燃烧中脱硫是指清洁燃烧、流化床燃烧等技术；燃烧后脱硫是指石灰石–石膏法、海水洗涤法等对燃煤烟气进行脱硫的技术。

4. 简述干法、半干法、湿法脱硫技术的定义和区别。

答：干法烟气脱硫技术指无论加入的脱硫剂是干态还是湿态，脱硫的最终反应产物都是干态的。该工艺具有设计简单、投资少、占地面积小且不存在腐蚀和结露，副产品是固态并无二次污染等优点，在缺水地区优势明显。一般脱硫效率只能达到70%左右，难以满足目前污染物达标排放要求。

半干法脱硫技术是脱硫过程和脱硫产物处理分别采用不同的状态反应，特别是在湿状态下脱硫、在干状态下处理脱硫产物的半干法，既有湿法脱硫工艺反应速度快、脱硫效率高的优点，又有干法脱硫工艺无废水废液排放、在干状态下处理脱硫产物的优势。

湿法烟气脱硫技术是指吸收剂投入、吸收反应、脱硫副产物收集和排放均以水为介质的脱硫工艺。超低排放改造工程中，特别运用了合金托盘、高效旋汇耦合装置、湿式电除尘等设备，能够完全满足污染物达标排放要求。

5. 干法、半干法、湿法脱硫分别包括哪些脱硫技术?

答：干法脱硫技术包括循环流化床脱硫、炉内喷钙脱硫、电子束脱硫、荷电干式喷射脱硫（CDSI法）、吸附法脱硫。

半干法脱硫技术包括旋转喷雾干燥法（SDA法）、炉内喷钙尾部增湿活化法。

湿法脱硫技术包括石灰石-石膏湿法烟气脱硫、海水烟气脱硫、双碱法脱硫、氨法脱硫、氧化镁法脱硫。

6. 简述石灰石－石膏湿法烟气脱硫工艺。

答：从锅炉出来的烟气经除尘后进入吸收塔，石灰石浆液通过浆液循环泵从吸收塔浆液池输送至喷淋系统，烟气中的SO_2与喷淋层喷出的石灰石浆液液滴逆流接触混合发生反应，在吸收塔循环浆液池中利用氧化空气将亚硫酸钙氧化成硫酸钙，石膏排出泵将石膏浆液从吸收塔送到石膏脱水系统。脱硫后的烟气夹带的液滴在吸收塔出口的除雾器中收集，经烟囱排放至大气中。

7. 石灰石－石膏湿法烟气脱硫主要包括哪些系统?

答：石灰石-石膏湿法烟气脱硫主要包括脱硫烟气系统、吸收剂制备系统、SO_2吸收系统、氧化空气系统、吸收剂浆液供应系统、石膏脱水系统、工艺水系统、冷却水系统、排放系统、压缩空气系统、废水处理系统。

8. 石灰石－石膏湿法烟气脱硫工艺的优缺点有哪些?

答：石灰石-石膏湿法烟气脱硫工艺优点有脱硫效率高、吸收剂利用率高、单机处理烟气量大、对煤种适应性好、设备运转率高、工作可靠性高、石灰石来源广且价格低、副产品石膏脱水后有较高的综合利用价值。

缺点有初期投资费用高、运行费用高、占地面积大、系统管理操作复杂、磨损腐蚀现象较为严重、不合格的副产品石膏与废水很难处理。

9. 简述海水烟气脱硫工艺。

答：海水烟气脱硫工艺包括烟气系统、吸收塔系统、海水供应系统、海水恢复系统，是利用海水的碱度脱除烟气中二氧化硫的一种脱硫方法。脱硫吸收塔内大量海水喷淋洗涤进入塔内的燃煤烟气，二氧化硫被海水吸收脱除，净化后的烟气经除雾器除雾、烟气换热器加热后排入大气，落入吸收塔吸收了二氧化硫的海水与大量未脱硫的海水混合后，经曝气池处理，使其中的SO_3^{2-}被氧化成为稳定的SO_4^{2-}，并调整海水的pH值与化学需氧量（COD）达到排放标准后排入大海。

10. 影响海水烟气脱硫效率的关键因素是什么？

答：自然界海水呈碱性，pH值一般为7.8~8.3，海水烟气脱硫工艺中，海水的碱度是影响脱硫效率的关键因素，海水中所含的大量CO_3^{2-}和HCO_3^-构成了缓冲体系，该体系对pH值变化具有较强的缓冲能力，这是海水烟气脱硫工艺的关键。

11. 海水烟气脱硫工艺的优缺点有哪些？

答：优点：以海水为吸收剂，可节约淡水资源；脱硫效率高，一般可达90%以上；不产生副产品和废弃物，几乎无二次污染；不存在设备及管道结垢、堵塞等问题，系统利用率高；技术成熟，工艺简单，维护方便，投资、运行费用低。

缺点：塔体、管道、换热设备腐蚀；脱硫后海水曝气过程中部分SO_2溢出；工艺系统占地面积较大；燃用高硫煤时烟气脱硫难以达标排放等。

12. 简述双碱法脱硫工艺。

答：双碱法通常是钠碱（$NaCO_3$-NaOH）/钙碱［Ca（OH）$_2$］脱硫法，是一种湿式碱液吸收法脱硫技术，是指用碱金属盐类如钠盐的水溶液吸收SO_2，脱硫后的烟气再经塔顶除雾脱水后排入大气，吸收塔底部的吸收液通过再生泵输送到再生反应系统的反应池内，与补入系统内的石灰浆液进行再生反应，吸收液得以再生后循环使用。由于在吸收和再生过程中使用了两种不同类型的碱，故称为双碱法。

13. 双碱法脱硫工艺有何优缺点?

答：优点：以钠碱作为吸收剂，系统不会产生沉淀物；吸收剂的再生和脱硫渣的沉淀发生在吸收塔外，避免了塔的堵塞和磨损，提高了运行的可靠性，降低了操作费用；钠基吸收液吸收SO_2速度快，可选用较小的液气比达到较高的脱硫效率。

缺点：双碱法脱硫工艺比较复杂，运行过程中可能会发生因pH值或浓度控制不当出现塔内结垢现象，副产物Na_2SO_4较难再生，需要不断补充Na_2CO_3或NaOH而增加了碱的消耗量。

14. 简述烟气循环流化床脱硫工艺。

答：烟气循环流化床脱硫工艺由吸收剂制备、吸收塔、脱硫灰再循环、除尘器及控制系统等组成。该工艺一般采用干态的消石灰粉作为吸收剂，也可采用其他对二氧化硫有吸收反应能力的干粉或浆液作为吸收剂。其工艺流程为由锅炉排出的未经处理的烟气从吸收塔（即流化床）底部进入，吸收塔底部为一个文丘里装置，烟气流经文丘里管后速度加快，并在此与很细的吸收剂粉末互相混合，颗粒之间、气体与颗粒之间剧烈摩擦，形成流化床，在喷入均匀水雾降低烟气温度的条件下，吸收剂与烟气中的二氧化硫反应生成$CaSO_3$和$CaSO_4$。脱硫后携带大量固体颗粒的烟气从吸收塔顶部排出，进入再循环除尘器，被分离出来的颗粒经中间灰仓返回吸收塔循环使用，处理后的烟气经电除尘进一步除尘后从烟囱排出。

15. 简述电子束法脱硫技术。

答：电子束法脱硫技术是指燃煤烟气经锅炉静电除尘器除尘后进入冷却塔进一步除尘、降温和增湿，烟气温度从140℃左右降至60℃左右后进入反应器，SO_2和NO_x经过高能电子束辐射后，与NH_3发生化学反应，生成$(NH_4)_2SO_4$和NH_4NO_3粉末，部分粉末沉降至反应器底部，通过输送机排出，大部分粉末随烟气一起进入后继的电除尘器，从而被收集下来。其中影响SO_2和NO_x脱除效率的因素有烟气温度、含水量、氨投加量、电子束投加剂量等。实现该技术的工艺分为干法和半干法，一般采用烟气降温增湿、加氨、电子束照射和副产物收集的工艺流程。

16. 电子束法脱硫技术有哪些特点？

答：（1）电子束穿透力强，经屏蔽后可在反应室内集中供给高能量来辐射烟气，反应速度快、时间短。

（2）在同一反应室内同时脱硫、脱硝。

（3）无废水废渣产生。

（4）副产品是以硫酸铵为主，含少量硝酸铵构成的有益农业氮肥。

（5）对烟气的变化适应性强。

17. 简述炉内喷钙脱硫技术。

答：炉内喷钙脱硫技术属于干法脱硫，指磨细的石灰石粉通过气力方式喷入锅炉炉膛中温度为900～1250℃的区域，在炉内发生的化学反应包括石灰石的分解和煅烧，SO_2和SO_3与生成的CaO之间的反应。颗粒状的反应产物与飞灰的混合物被烟气带入活化塔中，剩余的CaO与水反应，在活化塔内生成$Ca(OH)_2$，而$Ca(OH)_2$很快与SO_2反应生成$CaSO_3$，其中部分$CaSO_3$被氧化成$CaSO_4$，脱硫产物呈干粉状，大部分与飞灰一起被电除尘器收集下来，其余的从活化塔底部分离出来，从电除尘器和活化塔底部收集到的部分飞灰通过再循环返回活化塔中。

18. 炉内喷钙脱硫技术的优缺点有哪些？

答：优点：炉内喷钙脱硫工艺技术占地小、系统简单、投资和运行费用相对较少、无废水排放。

缺点：脱硫效率只能达到60%～80%，而且该技术需要改动锅炉，会对锅炉的运行产生一定影响。

19. 简述旋转喷雾干燥法（SDA 法）。

答：旋转喷雾干燥法（SDA法）属半干法脱硫技术，指将吸收剂浆液雾化喷入吸收塔，在塔内吸收剂与烟气中SO_2发生反应的同时吸收烟气中的热量使吸收剂中水分蒸发干燥，完成脱硫反应后的废渣以干态排出。该技术一般采用生石灰（CaO）作为吸收剂，再经熟化变成熟石灰[$Ca(OH)_2$]浆液，经塔顶的高达15000~20000r/min的高速旋转雾化器喷射成均匀的雾滴，其雾滴直径可小于100μm，形成了具有很大表面积的分散微粒，与烟气接触便会发生强烈的热交换和化学反应。工艺流程比石灰石-石膏法简单，投资也较小，但是脱硫率较低，一般为70%~80%、操作弹性较小、钙硫比高，运行成本高、副产物无法利用。

20. 简述氧化镁脱硫工艺。

答：氧化镁法脱硫又称镁乳吸收法。利用氧化镁浆液即氢氧化镁作吸收剂，吸收烟气中的二氧化硫，生成亚硫酸镁和硫酸镁。将这些硫酸盐脱水和干燥，然后再煅烧使之分解。为了还原硫酸镁，在煅烧炉内添加少量焦炭，使硫酸盐和亚硫酸盐分解成高浓度的二氧化硫气体和氧化镁。氧化镁经水合后又成为氢氧化镁，可继续作为吸收液循环使用。高浓度的二氧化硫气体可用于制取硫酸或硫黄。目前，氧化镁脱硫法的技术已成熟，并已应用于大型工业装置。脱硫率达90%以上。

21. 简述氨法脱硫工艺。

答：高温烟气进入预洗涤塔，经过除尘、洗涤、降温至50~60℃后进入吸收塔，气液充分接触，烟气中的SO_2被吸收后，经过除氨层，由除雾器除去烟气中的水滴，直接从塔顶或烟囱排入大气，落入吸收塔的反应物进行氧化反应生成副产品硫酸铵溶液，经结晶、离心脱水、干燥后即得硫酸铵。

22. 简述吸附法脱硫技术。

答：吸附法脱硫技术属干法脱硫，指用多孔性的固体物质处理流体混合物，使其中所含的一种或数种组分吸附于固体表面上，而与其他组分分离，这一过程称为吸附。吸附也可指物质在两相之间界面的积聚或浓缩，它是建立在分子扩散基础上的物质表面现象。通常利用吸附现象，用多孔性固体处理气体混合物，使其中所含的一种或几种组分聚集在固体表面，而与其他组分分开。主要吸附剂是活性炭。

吸附法对低浓度SO_2具有很高的净化效率，设备简单，操作方便，可实现自动控制，能有效地回收SO_2，实现废物资源化，但是活性炭脱硫剂及脱硫装置成本偏高、脱硫效率偏低、脱硫速度慢、再生频繁、水洗再生耗水量大、易造成二次污染等缺点比较突出，影响工业化推广。

23. 活性炭干式脱硫脱硝除尘技术的工艺原理是什么？

答：活性炭干式脱硫脱硝除尘技术主要设备为吸附塔和解析塔，对应吸附和解析两个工艺过程，在吸收塔内采用活性炭作为吸收剂，将烟气中的SO_2、NO_x、粉尘、重金属、二噁英等有害物质吸附到活性炭中，加入NH_3，生成硫酸盐，再通过解析塔把SO_2解析出来，富含SO_2的高浓度气体可直接用于制酸或者进一步生成硫铵，也可以加工成液态SO_2或单质硫出售，解析后的活性炭送回吸附塔循环使用。

24. 什么是脱硫吸收塔双气旋气液耦合技术？

答：双气旋气液耦合器基于气液掺混强制扰动的强传质机理，利用烟气动能，通过双气旋气液耦合器装置产生气液旋转和扰流，使气液两相充分接触混合，提高了烟气穿透浆液液膜的能力，迅速完成烟气传质，达到浆液对二氧化硫的吸收、脱除，与此同时，双气旋气液耦合器双向气液掺混，增加了气液碰撞速度和频率，从而提高了脱硫效率和除尘效率。

25. 脱硫吸收塔气液耦合技术的优点有哪些？

答：（1）气液耦合技术系统简单，无转机设备，免维护，运行可靠、稳定。

（2）气流均布效果比一般空塔提高15%~30%，避免烟气偏流及短路；增加气液碰撞频率，提高气液传质效率，提高浆液与烟气强混掺扰，提高脱硫除尘效率。

（3）双气旋结构的气液耦合技术有效消除气旋气流对喷淋层均匀性的破坏。

（4）气液耦合器设置在喷淋层下部，能有效快速降低烟气温度，为喷淋浆液提供最佳吸收温度空间。

第三章　石灰石－石膏湿法烟气脱硫系统

第一节　工艺原理及主要参数

1. 简述石灰石－石膏湿法烟气脱硫中石灰石浆液吸收二氧化硫的过程。

答：石灰石–石膏湿法脱硫中石灰石浆液吸收二氧化硫是一个气液传质过程，该过程大致分为4个阶段：

（1）气态反应物从气相主体向气–液界面的传递。

（2）气态反应物穿过气–液界面进入液相，并发生化学反应。

（3）液相中的反应物由液相主体向相界面附近的反应区迁移。

（4）反应生成物从反应区向液相主体的迁移。

因此，脱硫过程包括扩散、吸收和化学反应等过程，是一个复杂的物理化学过程。

2. 石灰石－石膏湿法脱硫反应速率取决于哪 4 个步骤？

答：石灰石–石膏湿法脱硫反应速率取决于4个步骤：

（1）CO_2、O_2和SO_2的吸收，即

$$SO_2+H_2O \longleftrightarrow H^++HSO_3^-$$

$$CO_2+H_2O \longleftrightarrow H^++HCO_3^-$$

（2）HSO_3^-的氧化，即

$$HSO_3^-+1/2O_2 \longrightarrow H^++SO_4^{2-}$$

（3）石灰石的溶解，即

$$CaCO_3\ (s) \longrightarrow CaCO_3\ (l)$$

$$CaCO_3\ (l)+H^++HSO_3^- \longrightarrow Ca^{2+}+SO_3^{2-}+CO_2+H_2O$$

（4）石膏的结晶，即

$$Ca^{2+}+SO_3^{2-}+1/2H_2O \longrightarrow CaSO_3 \cdot 1/2H_2O\ (s)$$

$$Ca^{2+}+SO_4^{2-}+2H_2O \longrightarrow CaSO_4 \cdot 2H_2O\ (s)$$

3. 什么是双膜理论？

答：（1）相互接触的气液两流体之间存在着一个稳定的相界

面，界面两侧各有一个很薄的有效滞流膜层，吸收质以分子扩散的方式通过此两个膜层。

（2）在相界面处，气、液两相达到平衡。

（3）在膜以下的中心区，由于流体充分滞流，吸收质浓度是均匀的，即两相中心区内浓度梯度皆为零，全部浓度变化集中在两个有效膜层内。

4. 简述浆液吸收 SO_2 双膜理论模型的要点。

答：（1）假定在气、液界面两侧各有一层很薄的层流薄膜，即气膜和液膜，在气、液相主体处于湍流状态下，这两层膜内仍呈层流状。

（2）在界面处，SO_2在气、液两相的浓度已达到平衡，即认为相界面处没有任何传质阻力。

（3）在两膜以外的气、液相主体中，因流体处于充分湍流状态，所以SO_2在两相主体中的浓度是均匀的，不存在扩散阻力，不存在浓度差，但是两膜内有浓度差存在。

5. 脱硫系统中表示烟气特性的参数有哪些？

答：（1）烟气体积流量、压力。

（2）吸收塔出、入口烟气温度。

（3）吸收塔出、入口烟气SO_2浓度。

（4）吸收塔出、入口烟气含尘量。

（5）烟囱排烟温度、湿度。

6. 吸收塔的主要技术参数有哪些？

答：（1）吸收塔进口烟气量。

（2）吸收塔出口烟气量。

（3）浆液循环时间。

（4）液气比。

（5）钙硫比（摩尔比）。

（6）吸收塔直径、高度。

（7）吸收塔浆液池容积。

7. 什么是吸收塔浆液的 pH 值？

答：吸收塔浆液的pH值是指吸收塔浆液中氢离子的负常用对数，

反映了浆液的酸碱度，即$pH=-lg[H^+]$。

8. 吸收塔浆液 pH 值对 SO_2 吸收的影响有哪些？

答：吸收塔正常运行的pH值控制范围在5.2~5.8之间。一方面，pH值影响SO_2的吸收过程，pH值越高，传质系数增加，SO_2吸收速度就越快，但过高的pH值不利于石灰石的溶解，且系统设备容易结垢；pH值降低，虽利于石灰石的溶解，但会降低SO_2的吸收速度，当pH值下降到4时，吸收塔浆液几乎不能吸收SO_2。另一方面，pH值还影响石灰石、$CaSO_4 \cdot 2H_2O$和$CaSO_3 \cdot 1/2H_2O$的溶解度，随着pH值的升高，$CaSO_3$的溶解度明显下降，而$CaSO_4$的溶解度则变化不大。因此，随着SO_2的吸收，吸收塔浆液pH降低，浆液中$CaSO_3$的量增加，并在石灰石颗粒表面形成一层液膜，而液膜内部$CaCO_3$的溶解又使pH值上升，溶解度的变化使液膜中的$CaSO_3$析出，在石灰石颗粒表面沉积，形成一层外壳，使颗粒表面钝化，阻碍了$CaCO_3$的继续溶解，抑制了吸收反应的进行。因此，选择合适的pH值是保证系统良好运行的关键因素之一。

9. 什么是液气比？

答：液气比是指单位时间内脱硫吸收塔中浆液循环量与单位时间内脱硫吸收塔出口的标准状态湿烟气体积流量之比，单位为L/m^3。

10. 液气比对脱硫系统的影响有哪些？

答：液气比决定吸收烟气中SO_2所需要的吸收表面积，在其他参数值一定的情况下，提高液气比相当于增大了吸收塔内的喷淋密度，使液气间的接触面积增大，提高了脱硫效率；另外，提高液气比会使循环浆液流量增大，从而增加设备的投资和能耗；同时，高液气比还会使吸收塔内压力损失增大，增加引风机能耗。

11. 什么是钙硫比？

答：钙硫比是指投入脱硫系统中钙基吸收剂与脱硫系统脱除的二氧化硫摩尔数之比。

12. 钙硫比对脱硫效率的影响有哪些？

答：钙硫比反应单位时间内吸收剂的供给量，通常以浆液中吸收剂浓度作为衡量度量。在保持浆液量（液气比）不变的情况下，钙硫比增大，注入吸收塔内吸收剂的量相应增大，引起浆液pH值上升，可增大中和反应的速率，增加反应的表面积，使SO_2吸收量增加，提高脱硫效率。但由于吸收剂溶解度较低，其供给量的增加将导致浆液浓度的提高，会引起吸收剂的过饱和凝聚，最终使反应的表面积减少，影响脱硫效率。

13. 什么是浆液在吸收塔中的停留时间？

答：浆液在吸收塔中的停留时间又称固体物停留时间，等于吸收塔浆液体积除以吸收塔石膏排出泵流量，也等于吸收塔中存有固体物的总质量除以固体物的产出率。

14. 浆液在吸收塔中的停留时间对脱硫系统的影响有哪些？

答：固体物在吸收塔内的平均停留时间反映了吸收塔有效浆液体积的大小，一般脱硫工艺中典型的浆液固体物停留时间是12~24h，通常不低于15h。浆液固体物停留时间是石灰石–石膏湿法脱硫系统设计的一个重要参数，适当的固体物停留时间有利于提高石灰石的利用率和副产品石膏纯度，有利于石膏晶体的长大和脱水，但是固体物停留时间过长，吸收塔体积也会相应增大，从而增加投资成本；另外，由于浆液循环泵和吸收塔搅拌器对石膏结晶体有破碎作用，当固体物在吸收塔中的停留时间过长时，会对石膏脱水产生不利影响。

15. 什么是吸收塔浆液循环停留时间？

答：吸收塔浆液循环停留时间是指吸收塔浆液全部循环洗涤一次的平均时间，此时间等于吸收塔浆液总体积除以循环浆液总流量。

16. 吸收塔浆液循环停留时间对脱硫系统的影响有哪些？

答：浆液循环停留时间随循环浆液总流量的增大而减小，与液气比有一定的关系，在石灰石–石膏湿法脱硫工艺中，一般为3.5~7min，提高浆液循环停留时间有利于在一个循环周期内，在浆液池中完成氧化、中和和沉淀析出反应，提高$CaCO_3$的溶解和石灰石的利用率。

17. 什么是吸收塔浆液含固量？

答：浆液含固量是指浆液中的固体物质量与浆液质量之比。通常以浆液密度或浆液中质量百分含固量（%）来表示工艺过程中维持浆液中晶种固体物的数量。

18. 吸收塔浆液含固量对脱硫系统的影响有哪些？

答：一般石灰石基工艺浆液含固量为10%~15%，为了防止缺少适当的晶种产生结垢，最低浆液含固量不应低于5%，维持较高的浆液浓度有利于提高脱硫效率。如果单位质量浆液中具有相同的$CaCO_3$含量，浓度高的浆液中石灰石/石膏的比率小，有利于提高固体副产品石膏品质。但是高含固量浆液会对浆液循环泵叶轮、搅拌器、管道和阀门等产生较大的磨损，且易在吸收塔内部构件上生成石膏垢，造成吸收塔入口滤网石膏大量沉积、堵塞，导致浆液循环泵流量降低，脱硫效率降低；另外，含固量过高的吸收塔浆液会抑制SO_2的吸收，造成脱硫效率明显下降。故保持浆液浓度稳定在一定范围内对于稳定脱硫效率、石膏品质以及防止结垢是有利的。

第二节　烟气系统

1. 什么是烟气的标准状态？

答：烟气的标准状态指烟气在温度为273.15K（0℃），压力为101325Pa（1个标准大气压）时的状态。

2. 脱硫烟气系统主要设备有哪些？

答：脱硫烟气系统主要设备包括原烟道、净烟道、膨胀节、烟气挡板、增压风机及附属设备、密封空气系统和烟气换热器系统以及相应的管道和阀门等。随着燃煤电厂脱硫技术的优化以及湿烟囱的大量应用，目前国内多数电厂已经取消增压风机，将增压风机和引风机合二为一，同时取消烟气换热器，部分机组可能设置有MGGH。

3. 烟道膨胀节的作用是什么？

答：烟道膨胀节的作用是为了吸收固定设备（如吸收塔）和运行设备（如风机及烟道）之间的相对振动，补偿烟道热胀冷缩引起的位移。

4. 烟道膨胀节的分类有哪些？

答：烟道膨胀节可分为金属膨胀节和非金属膨胀节。金属膨胀节用于原烟气高温烟道，但是金属膨胀节抗腐蚀和抗扭性能差；非金属膨胀节用于净烟气烟道和低温原烟气烟道，目前几乎所有的膨胀节均采用增强型氟橡胶制成，其厚度一般为5mm左右。

5. 脱硫系统为什么要设置增压风机？

答：当烟气通过脱硫系统时，会产生很大的压力损失，这些压力损失包括烟道压损、换热器压损、吸收塔压损、烟囱阻力、挡板门阻力、湿式电除尘器阻力等，机组引风机的功率难以承担和满足这些压力损失，因此要设置脱硫增压风机。脱硫增压风机设置于引风机下游，主要是用于克服脱硫装置产生的烟气阻力，使经过脱硫的烟气能够达到排放高度。目前大部分电厂为了运行的安全性，对脱硫系统进行改造，将增压风机和引风机合二为一。

6. 增压风机的工作原理是什么？

答：增压风机工作时，气流由风道进入增压风机的进气口，经过收敛和预旋后，叶轮对气流做功，后导叶又将气流的旋转运动转化为轴向运动，并在扩压器内将气体的大部分动能转化为系统所需要的静压能，从而完成增压风机的工作过程。

7. 简述风机喘振的定义及其危害。

答：风机喘振是指风机在不稳定区域工作时所产生的压力和流量的脉动现象。当风机发生喘振时，风机的流量和压力周期性地反复变化，有时变化很大，出现零值甚至负值。风机流量和压力的正负剧烈波动，会造成气流猛烈撞击，使风机本身产生剧烈振动，同时风机工作的噪声加大。大容量、高压头风机若发生喘振，则可能导致设备的轴承损坏，造成事故，直接影响整个系统的安全运行。

8. 如何防止风机喘振现象的发生？

答：（1）保持风机在稳定的工作区域内运行。

（2）增加再循环，使一部分由风机排出的气体再循环回到风机入口，使风机流量不因过小而进入不稳定的工作区域。

（3）在管道上加装放气阀，当风机流量小于或接近喘振流量时，开启放气阀，排掉部分空气，降低管道压力，避免发生喘振。

（4）改变风机本身的流量，如改变转速、叶片安装角等，避免风机的工作点落入喘振区。

9. 吸收塔入口烟道的技术特点有哪些？

答：（1）吸收塔入口烟道斜向下与吸收塔连接，烟气为斜向下进入吸收塔，此种结构有利于减弱塔内烟气回流，降低压损，延长气液接触时间，防止浆液倒流。

（2）在脱硫塔烟气入口处增设导流板，将大大提高气液分布的均匀性，且可减小压力损失。

（3）吸收塔干湿交界烟道由于能够形成具有强腐蚀性的酸冷凝物和固体沉积物，从可靠性和耐久性考虑，一般吸收塔入口烟道采用贴衬合金板或整体采用合金板。

10. 常用的烟气冷却方法有哪几种？

答：（1）用烟气换热器（GGH）进行间接冷却。

（2）用喷淋水对烟气直接冷却。

（3）用预洗涤塔除尘、增湿、降温。

11. 脱硫系统设置烟气换热器（GGH）的主要作用是什么？

答：脱硫系统烟气换热器的主要作用是改变脱硫前后烟气温度，主要通过从原烟气中吸收热量来加热净烟气。原烟气经过烟气换热器后温度降低，一方面是防止高温烟气进入吸收塔，对设备及防腐层造成破坏；另一方面可使吸收塔内烟气降低至利于吸收SO_2的温度。湿饱和净烟气通过烟气换热器后温度升高，减少烟气的酸结露现象，从而降低烟道和烟囱腐蚀，提升排烟高度，避免“烟囱雨”产生。

12. 取消 GGH 的优缺点有哪些？

答：优点：

（1）取消GGH，避免了GGH的腐蚀和堵塞问题，可提高脱硫系统的可靠性。

（2）取消GGH，可简化脱硫烟气系统，减少了与GGH配套的各系统，可减少投资和维护费用。

缺点：

（1）降低了烟气抬升高度，不利于污染物的扩散。

（2）烟囱防水防腐环境复杂，增加防腐成本。

（3）烟羽现象明显，会造成“烟囱雨”现象。

13. 脱硫 GGH 取消后烟气的主要变化有哪些?

答：（1）烟气湿度增加，进入脱硫系统烟气湿度一般为6%左右，而脱硫出口湿度在14%左右，且处于饱和状态。

（2）降低烟气抬升高度，影响烟气的扩散，SO_2、NO_x、粉尘等污染物最大落地点浓度增加。

（3）烟囱入口压力升高，高负荷条件下烟囱入口甚至会出现正压，烟囱内部正压区扩大，正压值加大，严重时烟囱为全正压烟囱。

（4）净烟气温度降低，引起烟气中水分冷凝，同时冷凝的水分会溶解烟气中的SO_2、SO_3、HF、HCl等，酸液pH值约为2.0，加剧烟囱等设备的腐蚀。

（5）脱硫系统耗水量增加。

14. 简述低低温烟气处理系统（MGGH）的工作原理。

答：低低温烟气处理系统（MGGH）是由“热回收器+电除尘器+再加热器”组成的一种综合应用烟气余热利用技术，其原理是利用余热进行热媒体气气换热，机组运行中可使空气预热器出口烟气的余热被加热回收器回收，回收后的烟气温度（即电除尘入口的温度）可以由120～150℃降低至90～100℃。由于烟气温度的降低同时也使烟气粉尘中比电阻随之降低，使得除尘效率得到大幅的提高。另外，烟气经过MGGH后，温度可以降到85℃左右，由于温度的降低烟气排放物中的SO_3会与水蒸气相结合生成硫酸雾，硫酸雾会吸附在飞灰颗粒上，被电除尘除去，从而脱除烟气中绝大部分的SO_3。此外，MGGH技术还可以缓解下游设备的腐蚀问题，提高了脱硫效率，消除“有色烟羽”视觉污染。

15. 与 GGH 相比，低低温烟气处理系统（MGGH）有哪些特点?

答：（1）无泄漏。MGGH的降温侧和升温侧完全分开，在热烟气和冷烟气之间无烟气与飞灰的泄漏，而这种现象在回转式换热器

（GGH）中是不可避免的，因此MGGH从不影响脱硫系统SO_2和飞灰的脱除效率。

（2）适用范围广。MGGH的降温侧和升温侧的设计可以很好地适应各种烟气条件，具有很好的经济性与可靠性。

（3）布置灵活。MGGH的降温侧与升温侧与回转式换热器（GGH）不同，不必将两者临近布置，相比之下设计安装更为灵活且能降低烟道的投资成本。

（4）调节烟气温度。通过控制循环热媒水的流量来调节热量，进而使出口烟道温度高于酸露点温度，以防止烟道的酸腐蚀。

（5）可靠性高。回转式烟气换热器（GGH）因为烟气温度和水分的波动，容易引起灰尘的沉积与结垢，而MGGH不会有此问题，可以通过控制热媒水的循环流量和温度来减少烟气温度和水分的波动。

16. 脱硫系统中事故喷淋系统的作用是什么？

答：为了确保脱硫系统的安全性和可靠性，防止浆液循环泵全部异常停运时，锅炉的高温烟气对脱硫系统装置造成损坏，而增设事故喷淋系统。

17. 脱硫系统中事故喷淋系统的水源一般取自哪里？

答：事故喷淋系统的水源主要有两路，一路选择除雾器冲洗水泵（工艺水泵）供水，为了保证供水可靠性，除雾器冲洗水泵电源取自脱硫保安段；另一路选择稳定可靠的电厂消防水，防止工艺水量不能满足喷淋需要。两路水源互为备用。

18. 什么是吸收塔内烟气的最佳流速？

答：吸收塔烟气最佳流速是指烟气既能够克服系统阻力又能使脱硫系统能耗最低，且脱硫效率在最佳范围内所对应的烟气流速。

19. 为什么选用高烟囱排放大气污染物？

答：由高斯扩散模型可知，污染物落地最大浓度与烟囱有效高度的平方成反比。利用具有一定高度的烟囱，可以将有害烟气排放到远离地面的大气层中，利用自然条件使污染物在大气中弥散、稀释，使污染物浓度大大降低，达到改善污染源附近地区大气环境的目的。

20. 经湿法脱硫后的烟气为什么具有强腐蚀性？

答：一方面，经湿法脱硫技术处理后的烟气含水量高且温度低，烟气中的水汽容易结露形成腐蚀性很强的液体，脱硫后的烟气还含有氟化物和氯化物等强腐蚀性的物质，形成低温高湿稀酸型腐蚀；另一方面，湿法脱硫对烟气中三氧化硫气溶胶的脱除率较低，仅能达到1/5左右，在40℃～80℃时，烟气易在烟囱内壁冷凝形成一种较强腐蚀性的酸液，这些酸液会对烟囱内壁产生很强的腐蚀。

21. 烟气的露点与哪些因素有关？

答：烟气中水蒸气开始凝结的温度称为露点温度，露点温度的高低与很多因素有关。

（1）烟气中的水蒸气含量多，则露点高。

（2）燃料中的含硫量高，则露点也高。硫燃烧生成二氧化硫，二氧化硫进一步被氧化成三氧化硫，三氧化硫与烟气中的水蒸气生成硫酸蒸汽，使露点大为提高。

（3）烟气中的飞灰具有吸附硫酸蒸汽的作用，使烟气中的硫酸蒸气浓度减小，烟气露点降低。

22. 脱硫湿烟囱工艺对环境有哪些影响？

答：（1）湿烟气的温度较低，抬升高度较小，影响烟气扩散，会提高污染物最大落点浓度，影响地面环境空气质量。

（2）湿烟气含有大量水蒸气且处于饱和状态，排出的烟气会因水蒸气的凝结而使烟羽呈白色，影响视觉。

（3）饱和湿烟气夹带的液滴以及水蒸气凝结水可能造成烟羽在扩散过程中形成降雨，影响局部环境和气候。

23. “烟囱雨”的形成来源有哪些？

答：（1）沉积和冷凝在烟道壁上的大直径液滴被气流二次带出，这是烟囱雨的主要来源之一。

（2）在烟囱防腐层上沉积的冷凝液体流，由于烟气流速过高，液流向上流动，从烟囱出口排出，液滴直径很大（300～2000μm），这也是烟囱雨的主要来源之一。

（3）除雾器出口烟气携带浆液液滴。大部分液滴均沉积在烟道和烟囱中，一小部分细小液滴（<50μm）到达烟囱出口。

（4）烟气冷凝形成的液滴，虽然流量很大，但是由于液滴很细小，对降落到地面上的烟囱雨影响较小。

24. 吸收塔入口烟气温度对脱硫系统的影响有哪些？

答：吸收塔入口烟气温度一般为120~160℃，高温烟气一方面影响脱硫效率，因为SO_2吸收反应要求在较低的温度下（50℃左右）进行，高温烟气不利于SO_2的吸收，脱硫浆液水分蒸发较多，脱硫系统补水量增加，净烟气湿度大对吸收塔后备设备包括烟囱带来腐蚀风险，并形成大量的“有色烟羽”；另一方面高温烟气会损坏吸收塔防腐层、除雾器和其他设备。

25. 脱硫出口烟气温度对烟道及烟囱有何影响？

答：脱硫出口烟气温度对烟道及烟囱的影响主要有以下几点：

（1）烟气温度低会出现酸结露现象，大量酸液会附着在烟道和烟囱的内表面，会使烟道和烟囱发生腐蚀。

（2）烟气温度的变化使烟囱内外表面的温差减少，使烟囱的热应力减少，对烟囱的安全有利。

（3）烟气温度的降低，烟气自拔力减弱，影响烟气的抬升高度。

（4）烟气温度的降低造成烟囱正压区范围扩大，烟气通过内壁裂缝渗入烟囱筒体内表面，加重烟囱腐蚀，降低烟囱寿命。

（5）烟气温度的降低，使烟气的扩散范围减少。

26. 烟气含尘量增加对脱硫系统的影响有哪些？

答：（1）加重了浆液对设备的磨损。

（2）“封闭”吸收剂，使其失去活性。

（3）增加塔内惰性物质的含量，加剧系统设备的结垢。

（4）增加石膏脱水难度。

（5）降低石膏纯度。

（6）增加废水排放量。

27. 吸收塔入口 SO_2 浓度对脱硫效率的影响有哪些？

答：当燃煤中含硫量增加时，排放SO_2浓度随之上升，在石灰石脱硫工艺中，在其他运行条件不变的情况下，脱硫效率将下降。甚至当入口SO_2浓度特别低时，在一定范围内增加SO_2浓度，还会出现脱硫效率上升的现象。这是因为在这种情况下入口SO_2浓度上升对吸收浆液中碱度的降低不大，但增大了入口SO_2浓度与达到吸收平衡时塔内SO_2平衡蒸汽的浓度差，此差值越大，气膜吸收的推动力越大，而气膜吸收速率与气膜吸收推动力成正比，因此反而使脱硫效率略有升高。

28. 提高烟气流速对脱硫系统的影响有哪些？

答：（1）在一定范围，流速增加有利于提高传质效果，从而提高脱硫效率。

（2）烟气流速增加，烟气流量增大，会使气液接触时间缩短，脱硫效率可能下降。

（3）烟气流速增加，会使吸收塔内压损增大，引风机能耗增加，造成引风机压头不足，若发生喘振，则可能导致设备的轴承损坏，造成事故，直接影响整个系统的安全运行。

（4）烟气流速增加，会使烟气带水现象加重，有色烟羽严重。

第三节 SO_2吸收系统

1. 吸收塔浆液池的作用是什么？

答：吸收塔浆池处于吸收塔的下部，在此区域装有搅拌器、氧化风喷嘴等。吸收塔浆池主要有以下作用：

（1）接收和储存脱硫吸收剂及循环浆液。

（2）溶解石灰石（或石灰）。

（3）生成亚硫酸钙。

（4）鼓入空气氧化亚硫酸钙，生成硫酸钙。

2. 吸收塔浆液的特性有哪些？

答：（1）强磨蚀性。脱硫塔底部的浆液含有大量的固体颗粒，主要是飞灰、亚硫酸钙、硫酸钙等，粒度为0~400μm、90%以上为20~60μm、浓度为5%~28%，这些固体颗粒（特别是Al_2O_3、SiO_2颗粒）具有很强的磨蚀性。

（2）强腐蚀性。在典型的石灰石–石膏脱硫工艺中，一般塔底的浆液pH值为5~6，Cl^-浓度达20000mg/L，可产生强烈的腐蚀性。

（3）汽蚀性。浆液循环泵输送的浆液中含有一定量的气体，会造成汽蚀现象，导致泵的流量、扬程、效率均下降，甚至可能导致泵的损坏。

（4）结垢堵塞性。吸收塔浆液中的固体颗粒、亚硫酸钙等物质在一定条件下可能会结晶沉淀，导致吸收塔喷嘴、管道等结垢和堵塞。

3. 二氧化硫吸收系统主要作用是什么？

答：二氧化硫吸收系统主要用于脱除烟气中SO_2，同时也会脱除烟气中的SO_3、HCl、HF等污染物及烟气中的飞灰等物质。

4. 什么是强制氧化工艺和自然氧化工艺？

答：在湿法石灰石–石膏脱硫工艺中有强制氧化和自然氧化之分。

被浆液吸收的二氧化硫有少部分在吸收区内被烟气中的氧气氧化，这种氧化称为自然氧化。

强制氧化是向吸收塔的氧化区内喷入空气，促使可溶性亚硫酸盐氧化成硫酸盐。

5. 强制氧化和自然氧化有何异同点？

答：强制氧化和自然氧化区别在于脱硫塔底部的持液槽中是否充入强制氧化空气。

在强制氧化工艺中，吸收浆液中的HSO_3^-几乎全部被持液槽底部充入的空气强制氧化成SO_4^{2-}，脱硫产物主要为石膏。

对于自然氧化工艺，吸收浆液中的HSO_3^-在吸收塔中被烟气中剩余的氧气部分氧化成SO_4^{2-}，脱硫产物主要是亚硫酸钙和亚硫酸氢钙。

6. 吸收塔浆液强制氧化的目的是什么？

答：将亚硫酸钙强制氧化为硫酸钙，一方面可以保证吸收SO_2过程的持续进行，提高脱硫效率，同时也可以提高脱硫副产品石膏的品质；另一方面可以防止亚硫酸钙在吸收塔和石膏浆液管中结垢。

7. 简述浆液循环泵的工作原理。

答：浆液循环泵的工作原理是通过叶轮高速旋转产生的离心力使吸收塔浆液获得压能和动能，在离心力的作用下，浆液沿叶轮（片）流道从中心向四周甩出，经过蜗壳送入排出管。叶轮在旋转过程中，一面不断吸入浆液，另一面又不断将吸入的浆液排出，如此连续工作，浆液在压能与动能的作用下，被输送到喷淋层。

8. 简述浆液循环泵的作用。

答：浆液循环泵的作用是把吸收塔浆液池内浆液连续地升压输送至喷淋层，为雾化喷嘴提供工作压力，使浆液通过喷嘴后尽可能地雾化，以便使小液滴和上行的烟气充分逆流接触，从而实现SO_2的吸收。

9. 浆液循环泵的特点有哪些?

答：（1）大流量、大直径、低转速、高电压、低电流。由于泵的磨损与泵的转速成正比，所以浆液循环泵均采用较低的转速。

（2）本体厚重。泵的蜗壳和叶轮较厚，外部的加强筋粗大，轴承比普通离心泵大得多。

（3）结构易检修。采用穿螺栓型连接，所有的过流部件均可更换。

（4）减磨设计。叶轮入口和出口的面积比大，可减轻过流件的磨损。密封结构可防止固体颗粒物进入；在叶轮的前后设有抽空叶片，可降低对机械密封的压力。

（5）具有足够的吸入压头。有适当的汽蚀余量以适应含有少量气体（$<3\%$）浆液的要求。

（6）较强的耐磨蚀性。

（7）优良的机械密封。

10. 浆液循环泵叶轮的汽蚀有什么危害?

答：浆液循环泵叶轮汽蚀会改变泵内流体状态，造成流动阻力增加，导致泵的流量、扬程和效率均降低，造成泵的流道材料发生侵蚀而破坏，并使泵产生较大噪声和振动，危及泵的正常运行。

11. 浆液循环泵连接方式的优缺点有哪些?

答：浆液循环泵连接方式主要为直连驱动和减速机驱动。

（1）直连驱动的特点。直连驱动无减速机，无须配置减速机冷却用的进、出口管道，占地面积小，需使用10、12、14、16极电动机，通常价格非常昂贵。另外，要求3种不同的叶轮直径，会延长制造周期，切削叶轮会使泵效率下降，汽蚀余量增加，叶轮直径减小，磨损寿命减小，直连驱动针对不同的扬程叶轮是一样的，不具备互换性。

（2）减速机驱动的特点。泵的转速不同，效率也不同，使用减速机能将泵工作点调整到泵的高效区，提高效率，但需增加一个齿轮箱。减少叶轮的备用，增加耐磨损的寿命，仅需选用4极电动机，其交货周期短，因为减速机的用油要求严格，运行费用较高。不同的扬程泵叶轮完全一样，具有互换性。

12. 吸收塔喷淋层的组成及作用是什么?

答：吸收塔喷淋层是吸收塔浆液循环系统的一部分，包括管道系统、喷淋组件及喷嘴。吸收塔喷淋层将吸收塔浆液均匀分配到各个喷嘴，由喷嘴将吸收塔浆液雾化后与原烟气进行充分的接触和反应。

13. 吸收塔喷淋层喷嘴的作用及类型是什么?

答：吸收塔喷淋层喷嘴的作用是将浆液循环泵输送至喷淋层的浆液进行雾化，在烟气反应区形成雾化浆液，最大限度地捕捉SO_2。

喷嘴是单向或双向的喷淋锥体，因此根据喷嘴的喷射形式可分为切向喷嘴、轴向喷嘴和螺旋形喷嘴，分别可喷出空心锥、实心锥和同心锥体浆液。

14. 喷淋层喷嘴的主要性能参数有哪些?

答：喷嘴性能和喷嘴布置设计直接影响到湿法脱硫系统性能参数和运行可靠性。

喷嘴的主要性能参数包括：

（1）喷雾角。指浆液从喷嘴旋转喷出后，形成的液膜空心锥的锥角。影响喷雾角的因素主要是喷嘴的各种结构参数，如喷嘴孔半径、旋转室半径和浆液入口半径等。

（2）喷嘴压力降。指浆液通过喷嘴通道时所产生的压力损失。喷嘴压力降越大，能耗就越大。喷嘴压力降的大小主要与喷嘴结构参数和浆液黏度等因素有关，浆液黏度越大，喷嘴压力降越大。

（3）喷嘴流量。指单位时间内通过喷嘴的体积流量。喷嘴流量与喷嘴压力降、喷嘴结构参数等因素有关。在相同喷嘴压力降条件下，喷嘴孔半径越大，喷嘴流量越大。

（4）喷嘴雾化液滴平均直径。雾化液滴平均直径通常采用体积面积平均直径来表示。影响液滴直径的因素很多，如喷嘴孔径、进口压力、浆液黏度、表面张力和浆液流量等。

15. 喷淋管道选空心锥喷嘴的优点有哪些？

答：（1）喷嘴流量较低时仍能保持适当的液滴直径。

（2）低流速下，喷嘴最小断面上不会发生堵塞。

（3）同时能向上向下两个方向喷淋，能提高脱硫效率。

（4）本身的碳化硅材质防腐耐磨。

16. 造成浆液喷嘴损坏的原因有哪些？

答：（1）堵塞。喷嘴的堵塞可以从内部或外部开始，从内部开始的堵塞往往是由于杂物或泵流量降低（压力降低）所致；从外部开始的堵塞往往难以避免，但速率很慢。

（2）断裂。安装步骤不合理、清理维护不当及系统管路设计不合理造成振动或水锤冲击而断裂。

（3）磨损。在工作寿命内，陶瓷材料的喷嘴发生严重磨损的现象非常少见，最易磨损的部位是喷孔，每年大修期间都应该检测喷孔的直径。

17. 浆液循环泵应用碳化硅陶瓷材料的优点有哪些？

答：碳化硅是一种耐腐蚀、耐磨损、性能优良的材料，浆液循环泵叶轮由于所处输送环境为强腐蚀、强磨损的流体，极易造成叶轮磨损，而采用碳化硅陶瓷叶轮可有效降低腐蚀和磨损程度。碳化硅材料可用于离心泵叶轮、蜗壳、机械密封等，解决浆液循环泵叶轮、蜗壳的磨损问题。

18. 浆液循环泵采用变频器调速有何优点？

答：（1）节能性能好。通过调整电动机的转速，达到省电的目的。

（2）调速范围宽。在整个调速范围内具有较高效率，适用于调速范围宽且经常处于低负荷状态下运行的场合。

（3）调速精度高。采用自动控制时，能把转速波动率控制在0.5%左右。

（4）安全稳定性高。变频装置一旦发生故障，可以退出运行，仍可由工频直接供电，浆液循环泵仍可继续运行。

（5）控制启动电流。降低启动电流，使电动机的维护成本降低。

（6）减少启动次数。延长设备使用寿命。

19. 吸收塔搅拌器的作用有哪些？

答：吸收塔搅拌器是用来搅拌浆液、防止浆液沉淀的搅拌设备。吸收塔浆池搅拌器除了搅拌悬浮浆液中的固体颗粒外，还有以下作用：

（1）使新加入的吸收塔浆液尽快分布均匀，加速石灰石的溶解。

（2）避免局部脱硫反应产物的浓度过高，防止石膏垢的形成。

（3）提高氧化效果和促使更多的石膏结晶形成。

20. 石灰石－石膏湿法脱硫系统搅拌器的分类及特点。

答：湿法脱硫系统搅拌器主要分为两种方式：机械搅拌和脉冲悬浮。

（1）机械搅拌。机械搅拌器根据安装位置不同可分为顶进式搅拌器、侧进式搅拌器。两种搅拌器都是由轴、叶片、机械密封、变速箱、电动机等组成；顶进式搅拌器采用浆罐、地坑顶部安装方式，脱硫系统中多数罐池（如石灰石浆罐、过滤水地坑等）采用顶进式搅拌器。侧进式搅拌器采用罐体外壁安装方式。

（2）脉冲悬浮。在浆液池上安装一个或多个抽吸管抽取浆液进行循环，向浆液池底部喷射。脉冲悬浮搅拌在吸收塔反应池内没有机械搅拌器或其他的转动部件，解决了常规机械搅拌存在的腐蚀与汽蚀问题，且搅拌系统耗电少，能耗低；脉冲悬浮系统搅拌均匀，塔底不会产生沉淀，无死角，无论多大尺寸的吸收塔都不会发生石膏的沉降，脱硫装置停运期间无须运行，降低电耗，重新投运时，可通过专用管路快速悬浮，提高了脱硫装置的操作安全性，可以在吸收塔正常运行期间更换或维修脉冲悬浮泵，无须中断脱硫过程或排空吸收塔。

21. 什么是除雾器？

答：除雾器是应用撞击式原理，采用各种形式薄板片组成的用于分离烟气中液态雾滴的装置。

22. 什么是除雾器除雾效率？

答：除雾器除雾效率是指除雾器在单位时间内捕集到的液态雾滴质量与进入除雾器液态雾滴质量的百分比值。

23. 什么是除雾器冲洗覆盖率？

答：除雾器冲洗覆盖率是指冲洗水对除雾器断面的覆盖程度，用百分比表示，即

$$\beta=\frac{n\pi h^2\tan^2\left(\frac{\alpha}{2}\right)}{A}\times 100\%$$

式中　β——冲洗覆盖率；

n——喷嘴数量；

h——冲洗喷嘴距除雾器表面的垂直距离m；

α——射流扩散角；

A——除雾器有效通流面积，m^2。

24. 除雾器的主要设计要求是什么?

答：（1）最上层喷淋母管与除雾器端面应有足够距离，除雾器端面烟气分布应尽量均匀。

（2）选用临界速度高、透过夹带物少、材料坚固和表面光滑的高性能除雾器。

（3）设置冲洗和压差监视装置，保持除雾器清洁，确保不发生堵塞。

25. 折流板除雾器的工作原理是什么?

答：折流板除雾器利用水膜分离的原理实现气水分离，当带有液滴的烟气进入“人字形”板片构成的区间通道时，由于流线偏折产生离心力，将液滴分离出来，液滴撞击板片，部分黏附在板片壁面上形成水膜，缓慢下流，汇集成较大的液滴落下，从而实现气水分离。

由于折流板除雾器是利用烟气中液滴的惯性力撞击板片来分离气水，因而除雾器捕获液滴的效率随烟气流速增加而增加，流速高，

作用于液滴的惯性大，有利于气水分离。但当流速超过某一限值时，烟气会剥离板片上的液膜，造成二次带水，反而降低除雾器效率；另外，流速的增加使除雾器的压损增大，增加了引风机的能耗。

26. 屋脊式除雾器的优点有哪些?

答：（1）每个除雾器单元之间设有走道，便于安装和维护。

（2）优化冲洗过程，节约冲洗水量。

（3）改善气流分布，降低气体压降。

（4）可节省空间体积，降低吸收塔高度。

（5）除雾器效率高，且不易结垢堵塞。

27. 管式除雾器的作用有哪些?

答：（1）拦截大部分（70%~90%）大于500μm的大雾滴，而喷淋层产生的雾滴85%都是超过500μm的大雾滴。

（2）由于可以拦截大部分的大雾滴，极大地减少了烟气携带的直接进入上部除雾器的石膏颗粒，从而降低了上部除雾器堵塞的风险，同时又可降低除雾器冲洗水的消耗。

（3）可使进入上部除雾器的烟气流速更均匀，提高除雾器的性能，极大降低了吸收塔出口烟气含水量。

28. 除雾器的主要性能和结构参数有哪些?

答：（1）除雾效率。是指除雾器在单位时间内捕集到的液滴质量与进入除雾器液滴质量的比值。影响除雾效率的因素主要包括烟气流速、通过除雾器断面气流分布的均匀性、叶片结构、叶片之间的距离及除雾器布置形式等。

（2）系统压降。是指烟气通过除雾器通道时所产生的压力损失。系统压降越大，能耗就越高。除雾系统压降的大小主要与烟气流速、叶片结构、叶片间距及烟气带水负荷等因素有关。当除雾器叶片上结垢严重时，系统压降会明显提高。

（3）烟气流速。通过除雾器断面的烟气流速过高或过低都不利于除雾器的正常运行，烟气流速过高易造成烟气二次带水，从而降低除雾效率，同时流速高，系统阻力大，能耗高。通过除雾器断面的流速过低，不利于气液分离，同样不利于提高除雾效率。

（4）除雾器叶片间距。除雾器叶片间距的选取对保证除雾效率，维持除雾系统稳定运行至关重要。叶片间距大，除雾效率低，烟气带水严重，易造成风机故障，导致整个系统非正常停运。叶片间距选取过小，除加大能耗外，冲洗的效果也有所下降，叶片上易结垢、堵塞，最终也会造成系统停运。

（5）除雾器冲洗水压。除雾器冲洗水压一般根据冲洗喷嘴的特征及喷嘴与除雾器之间的距离等因素确定（喷嘴与除雾器之间距离一般小于或等于1m）。冲洗水压低时，冲洗效果差；冲洗水压过高则易增加烟气带水，同时降低叶片使用寿命。

（6）除雾器冲洗水量。选择除雾器冲洗水量除了需满足除雾器自身的要求外，还需考虑系统水平衡的要求，有些条件下需采用大水量短时间冲洗，有时则采用小水量长时间冲洗，具体冲洗水量需由工况条件确定。

（7）冲洗覆盖率。冲洗覆盖率是指冲洗水对除雾器断面的覆盖程度。根据不同运行工况条件，冲洗覆盖率一般可以选在150%~300%之间。

（8）除雾器冲洗周期。是指除雾器每次冲洗的时间间隔。由于除雾器冲洗期间会导致烟气带水量增大（一般为不冲洗时的3~5倍），所以冲洗不宜过于频繁，但也不能间隔太长，否则易造成除雾器结垢。

29. 除雾器冲洗喷嘴与冲洗面的距离对除雾器冲洗效果有何影响?

答：冲洗喷嘴太靠近除雾器表面，则单个喷嘴喷出的水雾覆盖面积下降，保证冲洗水覆盖整个除雾器表面所需要的喷嘴数目增多。喷嘴离除雾器表面距离远可以减少所需喷嘴数量，如离得太远，烟气流的作用可能使喷嘴的水雾形状发生畸变，造成部分区域得不到充分冲洗。从实际情况来看，喷嘴离除雾器表面距离一般为0.6~0.9m。

30. 气旋除尘除雾器的原理是什么?

答：气旋除尘除雾器由4级气旋串联组合而成。其工作原理是经过湿法脱硫的净烟气含有大量的雾滴，包括浆液液滴、凝结水液滴和粉尘颗粒，当含有大量雾滴的净烟气进入气旋除尘除雾器后，气旋除尘除雾器筒内加设的气旋板使含雾滴的净烟气在气旋筒内旋转起来，在气旋器上方形成气液两相的剧烈旋转及扰动，从而使得净烟气中的细小雾滴、细微粉尘颗粒等微小颗粒物互相碰撞凝聚成大雾滴，同时旋转净烟气继续在离心力的作用下，使得净烟气中的雾液滴向筒壁运动，最终与气旋筒壁碰撞，被气旋筒壁液膜捕获吸收，实现高效除雾除尘。

31. 石灰石－石膏湿法烟气脱硫系统中氧化空气的作用是什么？

答：在石灰石–石膏脱硫系统中，吸收塔浆液池注入氧化空气的主要目的是将亚硫酸钙强制氧化为硫酸钙。一方面可以保证吸收SO_2的过程持续进行，提高脱硫效率，同时也可以提高脱硫副产品石膏的品质；另一方面可以防止亚硫酸钙在吸收塔和石膏浆液管中结垢。

32. 石灰石－石膏湿法烟气脱硫系统中氧化形式有哪些？

答：在石灰石–石膏湿法烟气脱硫系统工艺中氧化形式有强制氧化和自然氧化。被浆液吸收的二氧化硫有少部分在吸收区内被烟气中的氧气氧化，这种氧化称为自然氧化，脱硫产物主要是亚硫酸钙和亚硫酸氢钙；强制氧化是向吸收塔的氧化区内喷入空气，促使可溶性亚硫酸盐氧化成硫酸盐。

33. 简述罗茨风机的工作原理。

答：罗茨风机是一种容积式鼓风机，通过一对转子的“啮合”（转子之间具有一定的间隙，并不互相接触）使进气口和排气口隔开，转子由一对同步齿轮传动反向、等速地旋转，将吸入的气体无内压缩地从吸气口推移到排气口，气体在到达排气口的瞬间，因排气侧高压气体的回流而被加压及输送。

34. 简述离心风机的工作原理。

答：离心风机壳体的外形具有沿半径方向由小渐大的蜗壳形特点，使壳体内的气流通道也由小渐大，空气的流速则由快变慢，而压力由低变高，致使风机出口处的风压达到最高值。当电动机通过轴带动风机叶轮快速旋转时，叶轮间的空气随之旋转流动，并且由于离心力的作用被径向地甩向壳壁，随之产生一定的压力，并由蜗形外壳汇集后沿切向排出，这时，叶轮的中部由于气体不断地被甩走而形成负压。风机入口处的空气则在大气压力的作用下源源不断地沿轴向进入风机，由于风机叶轮连续旋转，导致吸风与排风的过程连续进行，从而达到向吸收塔鼓风的目的。

35. 罗茨风机和离心风机有何区别？

答：罗茨风机属于恒流量风机，工作的主参数是风量，输出的压力随管道和负载的变化而变化，风量变化很小。离心风机属于恒压风机，工作的主参数是风压，输出的风量随管道和负载的变化而变化，风压变化不大。离心风机属于平方转矩风机，而罗茨风机基本属于恒转矩风机。

36. 磁悬浮离心式鼓风机原理是什么？

答：磁悬浮离心式鼓风机技术将磁悬浮轴承和大功率高速永磁电动机技术集成为高速电动机，外加专用高速永磁电动机变频器形成高速驱动器驱动高速离心叶轮，使高速离心叶轮工作在最省电的工作区域。磁悬浮离心式鼓风机由离心叶轮与通流部件、磁悬浮轴承、高速永磁电动机、控制系统组成，采用了高速同步永磁电动机的直驱结构，将离心叶轮和电动机驱动一体化集成设计，主要功能是实现转轴的悬浮，风机随转轴一同做高速旋转的叶轮带动空气从蜗壳的进气口进入，空气在蜗壳的导向与增压作用下成为具有一定流速与压力的气体，最后从蜗壳的出气口鼓出，实现了风机的鼓风。

37. 氧化空气增湿的目的是什么？

答：氧化空气增湿的主要目的是防止氧化空气管结垢。当压缩的热氧化空气从喷嘴喷入浆液时，溅出的浆液黏附在喷嘴边缘内表面上。由于喷嘴喷出的是饱和热空气，黏附浆液的水分很快蒸发而形成固体沉积物，不断积累，最后堵塞喷嘴。为了减缓固体沉积物的形成，通常向氧化空气中喷入工艺水，增加热空气湿度，湿润的管内壁也使浆液不易黏附。

38. 吸收塔内的氧化风管有哪两种布置方式？

答：吸收塔内的氧化风管有喷枪式和管网式两种布置方式。

（1）喷枪式布置方式是通过喷枪将氧化空气喷入吸收塔底部反应浆液池中，由相对应的吸收塔搅拌器破碎，使之均布于浆液中，将亚硫酸钙氧化为硫酸钙。喷枪式结构简单，便于检修和清理，在中、低硫煤烟气脱硫中得到广泛的应用，但对高硫煤，喷枪的数量受限。

（2）管网式布置方式是通过在塔内浆液池中的空气分布管，将氧化空气均布到浆池中。

39. 吸收塔内的氧化风管的布置有哪些注意事项?

答:(1)氧化喷嘴浸没深度在3m以上。

(2)管网的分布要使氧化空气均匀分布。

(3)防止氧化空气进入浆液循环泵对叶轮产生汽蚀。

40. 简述氧化分率、氧化空气利用率和氧硫比的概念。

答:氧化分率等于吸收塔模块中氧化成硫酸盐的SO_2摩尔数除以已吸收SO_2总摩尔数。

氧化空气利用率指的是氧化已经吸收的SO_2理论上所需要的氧化空气量与强制氧化实际鼓入的氧化空气量之比,也可指理论上所需的O_2量与实际鼓入的O_2量之比。

氧硫比(O_2/SO_2)是氧化空气利用率的另一种表示方法,指氧化1mol SO_2实际鼓入的O_2的摩尔数。

41. 脱硫塔内氧化不完全的主要原因有哪些?

答:(1)配置的喷枪数量不足、喷嘴布置不合理或部分喷嘴堵塞造成氧化空气分布不均匀。

(2)氧化空气流量不足或各喷枪氧化空气流量不均衡。

(3)搅拌器输出功率不足或罐体直径过大,使氧化空气泡分布不均匀。

(4)喷嘴浸没深度不足,氧化空气泡在浆液中停留时间过短。

(5)吸收塔循环泵吸入浆液对罐体浆液流态的影响,使氧化空气泡分布不均,甚至大量被吸入循环泵中。

42. 氧化风量对脱硫系统的影响有哪些?

答:(1)氧化风量偏大对脱硫系统影响。一方面会增加脱硫系统的能耗,增大脱硫系统运行成本;另一方面脱硫浆液中会含有过量的剩余空气,过量的空气以气泡的形式从氧化区底部溢至浆液表面,从而造成吸收塔虚假液位,导致吸收塔浆液泡沫的增加,使吸收塔发生浆液溢流等现象。

(2)氧化风量偏小对脱硫系统影响。一方面会影响氧化效果,降低SO_2吸收速率,且容易在脱硫系统中形成半水亚硫酸钙和二水硫酸钙的混合晶体,易造成设备和管道的结垢堵塞;另一方面会增加石膏浆液脱水的难度，直接影响脱硫副产物的品质。

（3）氧化风对于吸收塔反应至关重要，应确保氧化风量充足，定期根据吸收塔浆液化验结果，特别是其中亚硫酸钙的含量，及时调整运行。

43. 吸收塔浆液中亚硫酸根的氧化速度受哪些因素影响？

答：吸收塔浆液中亚硫酸根的氧化速度受HSO_3^-的浓度、O_2的浓度、pH值、温度、NO_x、催化物质（Mg^{2+}、Mn^{2+}、Fe^{3+}等）、氧化抑制剂、氧硫比（O_2/SO_2）、浆液停留时间、浆液的黏度和密度、脱硫塔结构等的综合影响。

44. 新鲜的石灰石浆液补充至吸收区优于氧化区的原因是什么？

答：把新鲜石灰石浆液直接补充进入吸收区有利于浆液吸收SO_2，还可以避免浆液pH值下降过快，而吸收区内高气液接触表面积，也可以提高石灰石的溶解速度，从而加快SO_2的吸收。此外，从吸收区补充新鲜石灰石浆液，也能使烟气在离开吸收塔前接触到最大碱度的浆液，有利于提高脱硫效率。

而将新鲜石灰石浆液加入氧化区会使过多的$CaCO_3$进入脱水系统，被带入石膏副产品中，影响石膏纯度和石灰石利用率，而且不利于HSO_3^-氧化。原因是过量$CaCO_3$会使吸收塔浆液pH值升高，有助于形成$CaSO_3 \cdot 1/2H_2O$，但是要氧化$CaSO_3 \cdot 1/2H_2O$是很困难的，除非有足够的H^+使其重新溶解成HSO_3^-。

45. 吸收塔内水的消耗途径有哪些？

答：吸收塔内水的消耗途径主要有：

（1）热的原烟气从吸收塔内蒸发和带走的水分。

（2）脱硫副产物石膏携带水分。

（3）吸收塔排放的废水。

46. 吸收塔内水的补充途径有哪些？

答：（1）工艺水补水。

（2）除雾器冲洗水。

（3）石灰石浆液。

（4）氧化空气减温水。

（5）滤布滤饼冲洗水、真空泵密封水、转动设备冷却水、机械密封水、管道冲洗水、湿式电除尘冲洗水等。

47. 石灰石－石膏湿法脱硫系统所用吸收剂应满足哪些要求?

答：（1）吸收能力高，在确保吸收速率的同时，减少吸收剂的用量、设备体积和降低能耗。

（2）选择性能好，在保证对SO_2有较高的吸收能力的同时，对其他成分不吸收或吸收能力很低。

（3）挥发性低，无毒，不易燃烧，化学稳定性好，凝固点低，不发泡，易再生，黏度小，比热小。

（4）不产生腐蚀或者腐蚀小，可以减少设备投资及维护费用。

（5）资源丰富，价格便宜，便于运输。

（6）便于处理，不易产生二次污染。

48. 简述影响石灰石在吸收塔内反应的主要因素。

答：影响石灰石在吸收塔内反应的主要因素是进入吸收塔的杂质过多，阻碍了石灰石的溶解，造成石灰石不能在吸收塔中完全反应。

影响石灰石在吸收塔内吸收的主要因素：

（1）浆液中石灰石的杂质。

（2）石灰石的活性。

（3）烟气中的杂质成分。

49. 吸收塔内石灰石封闭的原因是什么？

答：（1）亚硫酸根引起的封闭。主要发生在机组启动、负荷变化、不完全氧化期间，当亚硫酸钙未被充分氧化又没有足够的亚硫酸钙晶种时，亚硫酸钙将沉积于石灰石表面，阻止石灰石的分解，尤其是在负荷突升、氧化风机暂停、二氧化硫浓度突变时，亚硫酸钙容易引起“包裹”问题，在氧化率为20%~95%的时候最容易引起封闭现象。

（2）铝离子与氟离子生成的络合物。因烟气中携带的氟化物和烟尘中铝离子相遇，在液相中氟离子和铝离子反应生成氟化铝会吸附于石灰石颗粒的表面，阻止石灰石的溶解，造成石灰石封闭。

50. 吸收塔内石灰石溶解受阻的现象有哪些?

答：石灰石溶解受阻的现象有随着石灰石供浆量的增大，吸收塔浆液的pH值无明显变化，净烟气SO_2浓度异常上升，脱硫效率下降，吸收塔浆液碳酸盐及亚硫酸盐含量增大，脱水效果变差。

51. 根据管道材质不同可将脱硫系统所用管道分为哪几类？

答：（1）碳钢管（无衬层，包括镀锌钢管）。

（2）容器外部使用的橡胶内衬碳钢管，内部使用的内外衬覆橡胶碳钢管。

（3）玻璃钢管（FRP）。

（4）高密度聚乙烯（HDPE）挤压成型热塑塑料管。

（5）耐腐蚀合金钢管（包括不锈钢、镍基合金钢和钛合金钢）。

52. 什么是水锤现象？

答：水锤现象指的是当突然关闭或开启管道阀门时，管路中的流速会急剧变化，由于液体的惯性作用，必然会引起管路中液体压强的上升或下降，伴随而来的有液体的锤击声音，所以称为水锤现象。

53. 水锤现象对脱硫设备有哪些危害？

答：石灰石–石膏湿法烟气脱硫系统中通常管道较长，输送的浆液密度高、动能大，发生水锤现象时容易造成设备损坏。流体的密度越大、速度越高、阀门前的管道越长，水锤压强就越大，可能引起管道爆裂；水锤也会引起压强降低，管内形成真空，使管道变形而损坏。

54. 如何减弱管道水锤现象？

答：（1）在关闭阀门时尽量减慢速度。

（2）适当缩短管道长度，避免淤积沉淀物。

（3）在管道上装设缓冲罐或安全阀。

55. 浆液循环泵选用永磁电动机有何优点？

答：（1）高效率、运行范围广。

（2）高启动转矩、高嵌入转矩、高过载能力、高功率密度。

（3）高功率因数，功率因数可达95%以上，减少设备投资，减少设备损耗。

（4）高可靠性、高互换性，永磁同步电动机替换异步电动机，简单方便。

56. 永磁调速器的工作原理是什么?

答：永磁调速器又叫永磁磁力耦合调速驱动器，它主要是利用永磁耦合技术来实现驱动与调速，是可以通过改变铜导体转子与永磁体转子之间的气隙厚度或者啮合面积的方式来改变由电动机传递到负载的输出转矩的一种调速设备，因此永磁调速器采用非机械连接方式来连接电动机与负载。

永磁调速驱动器是具备调整气隙的机构及其执行器，可在线随时调整气隙达到调整负载设备的输出转速，达到调速节能的目的。

第四节　石灰石浆液制备系统

1. 石灰石卸料系统的一般设计原则是什么?

答：（1）石灰石仓宜单独配置石灰石卸料斗、水平输送及垂直提升设备。

（2）卸料系统的设计出力应满足6~8h内卸完石灰石日耗量的要求，其中垂直提升设备宜采用斗式提升机，设备总出力宜为卸料系统设计出力的1.2~1.5倍。

（3）石灰石卸料设施应设置防止二次扬尘等污染的收尘、除尘装置。

（4）卸料斗可采用钢制或混凝土结构，应采取防磨和防堵措施，其入口应设置格栅板，出口水平输送段应设置除铁器。

（5）石灰石块粒径大于20mm时，应设置破碎设备。破碎设备宜选用立式复合形式的破碎机，布置在石灰石块仓上游。

2. 湿磨制浆系统的一般设计原则是什么?

答：（1）1台机组设置1套湿磨制浆系统时，系统宜设置2台湿式球磨机，设备总出力不宜小于锅炉燃用设计煤种、在BMCR工况下石灰石耗量的200%，且不应小于锅炉燃用脱硫最不利煤种、在BMCR工况下石灰石耗量的100%。

（2）2~4台机组设置1套公用的湿磨制浆系统时，湿式球磨机台数不应少于2台。

1）当设置2台湿式球磨机时，设备总出力不宜小于锅炉燃用设计煤种、在BMCR工况下石灰石耗量的150%~200%，且不应小于锅炉燃用脱硫最不利煤种、在BMCR工况下石灰石耗量的100%。

2）当设置3台及以上湿式球磨机时，系统应设置不少于1台的备用设备，运行设备总出力不应小于锅炉燃用设计煤种、在BMCR工况下石灰石耗量的100%，设备总出力不宜小于锅炉燃用设计煤种、在BMCR工况下石灰石耗量的130%~150%，且不应小于锅炉燃用脱硫最不利煤种、在BMCR工况下石灰石耗量的100%。

3）湿式球磨机台数少于4台时，出力裕量应取上限。

（3）石灰石湿式球磨机宜选用卧式溢流型。

（4）石灰石称重给料机数量宜与湿式球磨机相同，其设计出力不应小于湿式球磨机最大出力的115%，石灰石称重给料机应能调节给料量，满足湿式球磨机不同负荷给料量的要求。

（5）湿磨制浆系统的石灰石浆液箱总容量不宜小于脱硫装置设计工况下石灰石浆液6~10h的总耗量，当湿式球磨机不设备用时，宜取上限。

（6）石灰石浆液旋流器数量宜与湿式球磨机相同，应设置不少于1个备用旋流子，且备用旋流子总容量不应小于旋流器设计容量的20%；多台机组公用1套湿磨制浆系统时，石灰石浆液旋流器出口宜设置溢流切换分配器，且石灰石浆液箱数量不应少于2座。

3. 干磨制粉系统的一般设计原则是什么？

答：（1）干磨制粉系统宜全厂集中设置，其系统出力不宜小于锅炉燃用设计煤种、在BMCR工况下石灰石耗量的120%~150%，同时不应小于锅炉燃用脱硫最不利煤种、在BMCR工况下石灰石耗量的100%，干磨机的数量和容量应经综合技术经济比较后确定。

（2）石灰石干磨机宜选用立式中速磨，变频驱动。磨机动态分离器应采用变频驱动，并可调节石灰石粉细度。

（3）石灰石粉水分应控制在0.5%~1%。

（4）石灰石粉外送宜采用气力输送，条件不具备时可采用汽车运输。

4. 石灰石粉配浆系统的一般设计原则是什么？

答：（1）当2台及以上机组设置公用的石灰石粉配浆系统时，石灰石浆液箱的数量不应少于2座。

（2）石灰石粉配浆系统的石灰石浆液箱总容量不宜小于脱硫装置设计工况下石灰石浆液4h的总耗量。

5. 石灰石浆液供应系统的一般设计原则是什么？

答：（1）石灰石浆液供应系统的设计出力应满足吸收塔设计工况下石灰石浆液供应的要求，并能在锅炉各种运行工况下调节石灰石浆液供应量。

（2）石灰石浆液可直接注入吸收塔，也可经浆液循环泵进入吸收塔，但应满足浆液循环泵切换运行时吸收剂的正常供应。

（3）石灰石浆液泵形式、台数和容量的选择应符合下列规定：

1）石灰石浆液泵应选用离心泵。

2）每座吸收塔宜设置2台石灰石浆液供应泵，其中1台备用。

3）泵流量应同时满足吸收塔设计工况下石灰石浆液的最大耗量和系统管路最低流速的要求，裕量不应小于10%。

4）泵扬程应按石灰石浆液箱最低运行液位至石灰石供应点的全程压降设计，裕量不应小于15%。

（4）当采用湿磨制浆系统时，石灰石浆液泵出口管路上宜设置滤网。

6. 石灰石浆液制备系统通常有几种方案？

答：石灰石浆液制备系统通常有 3 种方案：

（1）外购合格的石灰石粉，制备成石灰石浆液。

（2）干磨制粉，制备石灰石浆液。

（3）湿磨制浆。

7. 干式制粉方案和湿式制浆方案有哪些区别？

答：（1）干式制粉工艺流程简单、占地面积及占用空间小，本身带有选粉机，不需要另加选粉机和提升设备。出磨含尘气体可直接由高浓度袋收尘器或电收尘器收集，故工艺简单，布局紧凑，可露天布置。而湿式球磨机不具备以上优势。

（2）湿式制浆工艺的系统维护工作多，管道磨损及定期清洗工作量大，维护成本比干式制粉高。

（3）虽然湿式球磨机比干式球磨机的电耗大，但就整个系统而言，电耗还是低，因而运行费用低，其运行费用要低1/10~1/8。

（4）湿式制浆石灰石浆液粒径的调节更方便，干式主要通过提高调整球磨机的运行参数来调节粉量和粒径，而湿式还可通过调整出口水力旋流器的性能参数来达到目的。

（5）干式制粉系统需注意扬尘造成的环境污染，而湿式需防止因渗漏外流的制浆造成厂区污染。

8. 简述湿式球磨机的工作原理。

答：湿式球磨机是一种低速筒体球磨机，球磨机是由球磨机电动机通过减速机与小齿轮连接，直接带动周边大齿轮减速机转动。当磨机转动时，钢球由于离心力的作用贴附在筒体衬板表面，随筒体一起回转并被带到一定高度，由于受重力作用被抛落，冲击筒体内的石灰石块。同时钢球还以滑动和滚动研磨钢球和衬板之间及相邻钢球之间的石灰石料。在球磨机回转过程中，由于球磨机头部不断地进行进料，而石灰石物料随筒体一起转动，形成物料向前挤压，通过溢流和连续给料的方式将石灰石浆液排出球磨机外。

9. 简述湿磨制浆系统的工艺流程。

答：脱硫所用的石灰石块进入卸料斗，经振动给料机送至斗式提升机，进入石灰石料仓，石灰石块从料仓底部经称重皮带给料机送至湿式球磨机进行研磨。制浆所需的工艺水或滤液水按一定比例与送入的石灰石块混合后进入湿式球磨机的入口，在湿式球磨机中被磨成浆液并自流至石灰石浆液再循环箱，然后再由浆液再循环泵送至旋流器进行旋流，大粒径浆液经过旋流器底流重新返回湿式球磨机再次研磨，合格的石灰石浆液（90%通过325目）通过溢流进入石灰石浆液箱中。

10. 湿磨制浆系统的主要设备有哪些？

答：湿磨制浆系统的主要设备有石灰石卸料斗、振动给料机、斗式提升机、石灰石料仓、称重皮带给料机、湿式球磨机、石灰石浆液再循环箱及其搅拌器、石灰石浆液再循环泵、石灰石浆液旋流器、石灰石浆液箱及其搅拌器、石灰石浆液泵等组成。

11. 称重皮带给料机的作用是什么？

答：称重皮带给料机适用于现场环境要求较高的散状物料的连续均匀输送和计量，是脱硫石灰石计量的重要设备。在输送过程中，对物料进行连续称重，称重仪表实时显示瞬时流量和累计流量，能够可靠、精确地调节控制给料量。

12. 称重皮带给料机的组成部分有哪些？

答：称重皮带给料机由封闭金属机壳、输送物料系统、落料清扫机、驱动装置、计量系统、自动校验装置、电气控制系统、料流调节装置、皮带清扫器、皮带张紧机构、堵料报警装置、断料报警装置、跑偏报警装置等构成。

13. 湿式球磨机高压油泵的作用是什么？

答：湿式球磨机高压油泵的作用是在球磨机启停时提供压力使轴与轴瓦之间形成缝隙，减少摩擦，防止启停瞬间造成轴承磨损。

14. 湿式球磨机低压油泵的作用是什么？

答：湿式球磨机的低压油泵的作用是给球磨机两侧轴瓦提供润滑油，防止球磨机运行时温度过高烧坏设备。

15. 湿式球磨机喷射润滑油系统的作用是什么？

答：湿式球磨机喷射润滑油系统的作用是借助压缩空气的压力，将高黏度润滑油，通过特殊设计的喷嘴经充分混合雾化后喷射到湿式球磨机齿轮工作齿面上，形成和保持具有一定厚度、均匀坚韧的润滑膜，实现液体摩擦，达到润滑的目的。

16. 湿式球磨机钢球的作用是什么？

答：从湿式球磨机工作原理可知，其筒内钢球起3种作用，分别是撞击、挤压、研磨。较大尺寸钢球主要起撞击、挤压作用，将大颗粒石灰石撞碎成小颗粒石灰石，决定湿式球磨机最大出力；较小尺寸钢球主要起挤压、研磨作用，将小颗粒石灰石磨成粉末，决定成品石灰石浆液细度。

17. 简述干式球磨机的工作原理。

答：干式球磨机的主体是钢制的回转筒体，筒体两端带有空心轴的端盖，内壁装有衬板，磨内装有不同规格的钢球。当球磨机转动时，钢球由于离心力的作用贴附在筒体衬板表面，随筒体一起回转并被带到一定高度，由于受重力作用被抛落，冲击筒体内的石灰石块。

同时钢球还通过滑动和滚动研磨钢球和衬板之间及相邻钢球之间的石灰石料。在球磨机回转过程中，由于球磨机头部不断地进行喂料，而石灰石物料随筒体一起转动，形成物料向前挤压；同时，球磨机进料端和出料端之间物体本身物料面有一定的高度差，加上磨尾不断抽风，这样即使球磨机为水平放置，磨内物料也会不断向出料端移动，直至排出球磨机。

18. 干式制浆系统的工艺流程是什么？

答：储存于石灰石料仓内的石灰石，经称重皮带给料机送入干式球磨机内研磨，磨制成的石灰石粉用斗式提升机送至选粉机内进行分离，符合粒度要求的石灰石粉（250目90%通过）被风携带走，由袋式除尘器收集后，通过机械输送系统送至石灰石粉仓，再通过电动旋转给料机送至石灰石浆液箱，用水混合制成石灰石浆液再由石灰石浆液泵送至吸收塔。

19. 石灰石粉配浆的工艺流程是什么？

答：从厂外（或干磨制粉系统）运输至石灰石浆液制备系统的合格石灰石粉，以气力输送方式送入石灰石粉仓，流化风机对粉仓内的石灰石粉进行吹扫，保持石灰石粉的流动性和干燥性，通过电动旋转给料机送至石灰石浆液箱，与水混合制成石灰石浆液，再由石灰石浆液泵送至吸收塔，参与脱硫反应。

20. 干磨制粉系统的主要设备有哪些？

答：干磨制粉系统的主要设备有石灰石卸料斗、振动给料机、斗式提升机、石灰石料仓、称重皮带给料机、干式球磨机、转子选粉机、链式输送机（物料返回磨机入口）、链式输送机（输送成品石灰石粉）、斗式提升机（输送成品石灰石粉）、螺旋输送机、袋式除尘器、石灰石粉仓、散装机等。

21. 石灰石上料系统的工作流程是什么？

答：石灰石进入卸料斗内，通过棒条阀调节下料量，经振动给料机的往复振动，落入斗式提升机料斗，将石灰石源源不断地送入石灰石料仓内。

22. 斗式提升机的工作原理是什么？

答：斗式提升机主要用于垂直输送石灰石，工作原理是用链条连接着一串料斗牵引构件，环绕在斗式提升机的头轮与底部尾轮之间构成闭合环链，动力从头轮一端输入。输送的石灰石由下部进料口进入，被连续向上运动的料斗提升，由上部出料口卸出，从而实现垂直方向石灰石的输送。

23. 布袋除尘器的工作原理是什么？

答：布袋收尘器的工作原理是含尘气体进入除尘器后，撞击在挡板上，大颗粒粉尘直接落入灰斗，细颗粒的含尘气体在通过滤布层时，粉尘被滤布纤维阻留，在过滤过程中，滤布表面及内部形成一层粉尘料层，改善了过滤作用，气体中的粉尘几乎全部被过滤下来，但是随着粉尘的加厚，滤布阻力逐渐增加，除尘能力也逐渐降低。为保持稳定的处理能力，必须定期清除滤布上的部分粉尘层。由于滤布绒毛的支撑，滤布上总有一定厚度的粉尘清理不下来，成为滤布外的第二过滤介质，过滤后的干净气体从布袋管顶排出。

24. 石灰石粉仓流化风机的作用是什么？

答：经过处理的压缩空气经流化风机的加压、加热后，对粉仓内的石灰石粉进行吹扫，保持石灰石粉的流动性和干燥性，确保石灰石粉不板结和变质。

25. 新安装或大修后湿式球磨机钢球应如何配比？

答：新安装的球磨机须占球磨机最大装球量的80%，第一次添加钢球大球占30%~40%、中球占30%~40%、小球占30%。待球磨机正常连续运行几天后，检查大小齿轮啮合情况，待一切正常后，添加余下20%球磨机钢球。

26. 湿式球磨机装配钢球的材质要求有哪些？

答：钢球按照材质可分为铬合金铸铁钢球和球墨铸铁钢球，脱硫系统的湿式球磨机一般添加的是型号为ZQCr15的铬合金铸铁磨球，其各成分要求及技术标准如下：Cr含量为14%~18%、C含量为2.0%~3.3%、Mn含量为0.3%~1.5%、Mo含量为0.0%~3.0%、Cu含量为0.0%~1.2%、Ni含量为0.0%~1.5%、Si含量小于或等于1.2%、P含量小于或等于0.1%、S含量小于或等于0.06%、表面硬度大于或等于58%、碎球率小于或等于1%。

27. 湿式球磨机装配钢球填充有何要求？

答：钢球填充量一般在40%时效率最高，但要低于中心线。

28. 湿式球磨机装配钢球直径有哪些要求？

答：根据湿式球磨机运行情况选择直径为80mm、60mm、40mm等不同大小的钢球。最大球直径为球磨机直径的1/25~1/20，通常情况小球直径为大球直径20%~30%，小球重量为大球量的3%~5%。

29. 湿式球磨机正常运行补充钢球的注意事项是什么？

答：（1）保持球磨机处于最佳运行电流，电流降低时，应及时补加钢球。

（2）补加钢球时，一般加最大尺寸钢球。

（3）应在球磨机运行时添加钢球，禁止停运、空载时添加钢球。

（4）添加钢球应采取“少量多次”原则，避免一次添加过量钢球。

30. 对脱硫系统石灰石浆液细度有何要求？

答：合格的石灰石浆液细度通常要求是90%通过325目筛（44μm）或250目筛（63μm），石灰石浆液要求固体质量浓度为20%~30%。

31. 石灰石品质对制浆系统的影响有哪些？

答：（1）石灰石的粒径。石灰石粒径大，给料不均，则球磨机的产量、质量均下降，能耗也大。

（2）石灰石的含水量。石灰石的含水量过大，容易使细颗粒的石灰石贴附在物料输送管路上，另外对系统的物料平衡也将产生影响，一般要求石灰石的含水率小于3%。

（3）石灰石中的杂质。如果石灰石中的杂质过多，会造成石灰石研磨难度增加，尤其是SiO_2含量过多会导致研磨设备功率消耗大，随着浆液在系统循环，还会造成系统磨损严重。

第五节　石膏脱水系统

1. 脱硫系统常见石膏脱水机有哪些?

答：脱硫系统常见石膏脱水机有真空皮带脱水机、圆盘式脱水机、离心式脱水机等。

2. 真空皮带脱水机的工作原理是什么?

答：真空皮带脱水机皮带表面横向布置有平行的凹槽，滤布覆盖在皮带上，滤布由托辊支撑张紧，与皮带紧密结合。皮带中部设有一排退水孔，退水孔下固定一个真空盒，真空盒两侧与皮带接触部位之间有两条摩擦带作为真空密封，真空盒下部与真空密封水管相连。当真空皮带脱水机运转时，滤布与摩擦带通过与皮带间摩擦力带动同步运转，真空泵启动后，会在皮带中间的退水孔和凹槽处产生负压。石膏浆液经分配器均匀分散在滤布的表面。石膏浆液中的水分在大气压力的作用下，透过滤布的纤维孔流入气液分离罐，脱水后的石膏落入石膏库。

3. 真空皮带脱水机主要由哪几个部分组成?

答：真空皮带脱水机主要由结构支架、输送皮带、真空盒、真空密封水管、滤布、滤布张紧装置、托辊、大滚筒、分配器和滤饼刮板等组成。

4. 水环式真空泵的工作原理是什么?

答：水环式真空泵腔体中注有适量的水作为工作液，真空泵的叶轮旋转时，在离心力的作用下，水被叶轮抛向四周形成一个取决于真空泵腔体形状的封闭圆环。水环的下部分内表面与叶轮轮毂相切，水环的上部内表面与叶片顶端相切。此时叶轮轮毂与水环之间形成一个月牙形空间，被叶轮分成与叶片数目相等的若干个小腔。叶轮旋转初期小腔容积由小变大，且与端面上的吸气口相通，此时气体被吸入；当叶轮继续旋转时，小腔由大变小，气体被压缩；当小腔与排气口相通时，气体被排出泵外。综上所述，水环式真空泵是靠泵腔容积的变化来实现吸气、压缩和排气的。

5. 常见石膏脱水系统是由哪些设备构成的？

答：常见石膏脱水系统中设备包括石膏排出泵、水力旋流站、真空皮带脱水机、真空泵、气液分离罐、搅拌器及阀门等，有些石膏脱水系统还会设置石膏浆液箱、石膏浆液给料泵作为石膏脱水系统的缓冲设备使用。

6. 石膏脱水系统的作用是什么？

答：（1）将密度高的石膏浆液脱去水分，分离出脱硫副产物石膏。

（2）将密度低的石膏浆液分离回吸收塔。

（3）分离出部分脱硫废水。

（4）石膏脱水系统由石膏旋流器和真空皮带脱水两级组成，一级脱水石膏旋流器将石膏浆液含水量脱至40%～60%，二级脱水真空皮带脱水机将石膏浆液含水量脱至10%以下。

7. 离心式脱水机的工作原理是什么？

答：离心式脱水机是采用内筒转动等离心方式，通过高速的旋转产生的离心力，将溶液中所含的水分离出去的一种设备。石膏脱水系统中的离心式脱水机是利用石膏颗粒和水密度的不同，在旋转过程中，利用离心力使石膏浆液固液分离进行脱水，其设备类型主要有筒式离心脱水机和螺旋式离心脱水机两种。

8. 圆盘式脱水机的工作原理是什么？

答：圆盘式脱水机利用盘片的毛细现象，在抽真空时，盘片只会让水通过，而空气和矿物质颗粒无法通过，保证圆盘式脱水机无真空损失的原理，有效降低了石膏含水率。

9. 圆盘式脱水机的工作过程是什么？

答：（1）滤饼形成。浸没在料浆槽的盘片在真空负压的作用下，盘片表面吸附形成颗粒堆积层，滤液通过盘片过滤至分配阀到达滤液罐。

（2）滤饼干燥。在主轴减速机的带动下，吸附在盘片上的滤饼转到干燥区，在真空负压的作用下，滤饼继续脱水。

（3）滤饼剥离。滤饼干燥后，转子转动到卸料区（无真空），在刮刀装置作用下进行卸料。

（4）反冲洗。卸料后的盘片进入反冲洗区，此时用过滤液或工艺水在一定压力下，从分配阀进入盘片内腔，由内而外清洗盘片的微孔，同时将残留在盘片表面的残余矿物冲洗下来。

（5）混合清洗。盘片经过一定的工作时间后，盘片微孔因逐渐被堵塞而降低过滤效率，为保证盘片微孔通畅，启用混合清洗系统，使用自动清洗、化学清洗和反冲洗相互作用，达到最佳清洗效果。

10. 脱硫石膏的应用途径有哪些？

答：（1）用于水泥生产。作为水泥辅料，是水泥的缓凝剂。

（2）用于生产建筑材料。如纤维石膏板、石膏砌块砖、粉刷石膏等。

（3）用于改良土壤。脱硫石膏能够促进盐碱地农作物生长并有增产作用。

（4）用于路基、路面基层处理。

11. 石膏有怎样的理化性质？

答：石膏的化学名称为硫酸钙，化学分子式为$CaSO_4$。自然界中的石膏主要分为两大类：含有两个结晶水的二水石膏和不含结晶水的无水石膏（硬石膏）。

二水石膏的分子中含有两个结晶水，化学分子式为$CaSO_4 \cdot 2H_2O$，纤维状集合体，一般为长块状、板块状，颜色呈白色、灰白色或淡黄色，也有半透明的。体重质软，指甲能刻画，条痕为白色。易纵向断裂，手捻能碎，纵断面具有纤维状纹理，显绢线光泽，无臭，味淡。

硬石膏为天然无水硫酸钙，属斜方晶系的硫酸盐类矿物。分子中一般不含结晶水或结晶水含量极少（通常结晶水含量≤5%）。无水硫酸钙晶体无色透明，密度为$2.9 \times 10^3 kg/m^3$，莫氏硬度为3.0～3.5。块状矿石颜色呈浅灰色，矿石装车松散密度约$1.849 \times 10^3 kg/m^3$，加工后的粉体松散密度为$919 kg/m^3$。

12. 石膏旋流器的组成有哪几部分？

答：石膏旋流器一般由锥形筒、进料管、溢流管、底流管和阀门等组成。

13. 石膏旋流器的工作原理是什么?

答：石膏旋流器利用高速旋转石膏浆液的离心力，将粒径较大的携带附着水的固体颗粒从石膏浆液中分离出来。在石膏排出泵的输送下，石膏浆液从进料管沿着切向进入锥形筒后产生旋转运动，在筒体及顶盖的限制下，石膏浆液在锥形筒内形成一股自上而下的圆锥体外旋流。在旋转过程中，粒径较大的携带附着水的石膏颗粒受惯性的作用被甩向筒壁，沿外锥形筒壁滑下至底流管排出。在圆锥中心部分，密度较低的石膏浆液随圆锥的收缩而向旋流子中心靠拢，形成一股自下而上的内旋流，经溢流管向外排出稀液。

14. 石膏旋流器的作用是什么?

答：（1）提高浆液固体物浓度，减少二级脱水设备处理的浆液量。进入二级脱水设备的浆液含固量越高，越有助于提高石膏滤饼的品质。

（2）分离出来密度较低的石膏浆液返回吸收塔，用来调整吸收塔的浆液浓度，使吸收塔浆液密度保持稳定。

（3）分离浆液中未反应的细颗粒石灰石，降低底流浆液中石灰石的含量，有助于提高石灰石的利用率和脱硫石膏的品质。

（4）向废水处理系统排放一定量的废水，以控制吸收塔浆液中Cl^-和Mg^{2+}的浓度。

（5）经过石膏旋流器脱水后的溢流进入滤液箱，或进入废水旋流器再次分离获得回收水，用来补充吸收塔的液位或用来制备石灰石浆液。

15. 脱硫石膏与天然石膏相比具有哪些特点?

答：（1）纯度高于天然石膏。

（2）含水率较高，黏性强。

（3）颗粒较天然石膏细。

（4）堆积密度较天然石膏大。

（5）杂质成分复杂。

16. 影响石膏结晶的因素有哪些?

答：（1）浆液过饱和度。过饱和度低时结晶过程不稳定。

（2）浆液停留时间。吸收塔内浆液需要有足够的停留时间。

（3）液气比。液气比过大时会破坏晶体结构。

（4）SO_2处理量。烟气量或硫分超设计值时无法充分进行反应。

（5）氧化风量。氧化风量不足时易生成亚硫酸钙，影响石膏结晶。

（6）pH值。pH值过高时石膏中吸收剂过剩，影响结晶过程。

（7）石灰石粒度。较细的石灰石可提供大的反应表面积，有利于结晶形成。

（8）杂质。可溶性盐、重金属离子、氯离子进入吸收塔系统会影响结晶过程。

（9）粉尘。高浓度的粉尘会降低石灰石利用率，影响石膏结晶。

第六节　废水处理系统

1. 脱硫系统为什么要进行废水排放？

答：燃煤中含有多种元素，包括重金属元素，这些元素在炉膛内高温条件下进行一系列的化学反应，生成了多种不同的化合物，这些化合物一部分随炉渣排出炉膛，另外一部分随烟气进入吸收塔，溶解于吸收塔浆液中。

烟气中含有CO_2、SO_2、HCl、HF、NO_2、N_2等气体及灰中携带的各种重金属，包括Cd、Hg、Pb、Ni、As、Se、Cr等，吸收剂石灰石中含有Ca、Mg、K、Cl等元素，这些物质进入吸收塔浆液中，并在吸收循环过程中不断富集，会影响二氧化硫的吸收以及加重设备的腐蚀、磨损，还会影响石膏的品质，因此必须进行废水排放。通过补充新鲜水来置换、减少浆液中的有害物质的含量，从而减少吸收塔系统的腐蚀、磨损。

2. 脱硫废水的水质有哪些特点？

答：脱硫废水的水质比较特殊，其特点是：

（1）水量不稳定，水质波动大。不同脱硫装置的废水水质往往存在很大差异，即使同一套脱硫装置在不同阶段排出的废水水质也不尽相同。

（2）废水呈弱酸性，pH值为4~6。

（3）悬浮物（石膏、氧化硅、金属氢氧化物以及飞灰等）、COD和可溶性的氯化物、硫酸盐、氨氮等污染物含量高。

（4）由于Cl^-浓度较高，所以具有强腐蚀性。

（5）含有大量钙镁离子，硬度高。

（6）脱硫废水既含有一类污染物重金属离子（Cd、Hg、Cr、As、Pb、Ni等重金属离子），又含有二类污染物（Cu、Zn、氟化物、硫化物等）。

3. 未经废水系统处理的脱硫废水的危害有哪些？

答：（1）脱硫废水中的高浓度悬浮物严重影响水的浊度，并且在设备及管道中易产生结垢现象，影响脱硫装置的运行。

（2）脱硫废水中氯离子浓度很高，会引起设备及管道的点腐蚀、缝隙腐蚀。

（3）脱硫废水呈弱酸性，重金属污染物在其中都有较好的溶解性，虽然它们的含量较少，但直接排放对水生生物具有一定毒害作用，并通过食物链传递到较高营养阶层的生物。

（4）脱硫废水中高浓度的硫酸盐直接排放到环境水体中会扩散到沉积层，硫酸盐还原菌将SO_4^{2-}转化为S^{2-}，S^{2-}会与水中的金属元素发生反应，导致水中甲基汞的生成，造成水生植物必要的微量金属元素缺失，改变水体原有的生态功能。

（5）脱硫废水中大量硒的排放会对土壤和水源造成污染，影响人类和动物的健康，长期积累还会引起慢性中毒。

4. 脱硫废水三联箱处理工艺的主要流程是什么？

答：脱硫废水三联箱处理包括废水中和、重金属沉淀、絮凝和助凝、浓缩/澄清4个步骤。通过加碱性溶液和有机硫使废水中的大部分重金属形成沉淀物；加入絮凝剂促进污泥沉淀；污泥经脱水后进一步处理，废水水质达标后回用。

5. 什么是化学需氧量？

答：化学需氧量又称化学耗氧量，简称COD，是利用化学氧化剂（如高锰酸钾）将废水中可氧化物质（如有机物、亚硝酸盐、亚铁盐、硫化物等）氧化分解，然后根据残留的氧化剂的量计算出氧的消耗量，用于检测水体中污染物含量，是表示水质污染度的重要指标。

6. 脱硫废水处理系统常用的药剂有哪些？

答：脱硫废水处理系统常用的药剂有碱性剂（石灰、氢氧化钠）、有机硫、絮凝剂、助凝剂、盐酸。

7. 常用脱硫废水处理系统常用的药剂作用分别是什么？

答：（1）在中和箱内向废水添加碱性溶液，调节废水pH值，沉淀重金属离子。

（2）在沉降箱内向废水添加有机硫，用于去除Hg等重金属离子。

（3）絮凝剂和助凝剂的配合使用，可使已结晶析出的无机盐、重金属络合物及悬浮物的细小矾花积聚成较大颗粒，以便于在废水进入澄清池后更快地沉降。

（4）在出水箱中加入HCl溶液控制出水的pH值，使经过脱硫废水系统处理后的出水pH值满足排放要求。

8. 影响脱硫废水混凝的主要因素有哪些？

答：（1）温度。水温对混凝效果有较大的影响，水温过高或过低都对混凝不利，最适宜的混凝水温为20~30℃。

（2）pH值。pH值直接影响混凝剂（主要是铝盐和铁盐）的水解产物从而影响混凝效果，因此，必须保持pH值在一定的范围内。例如硫酸铝的最佳混凝pH值为5~8，聚合硫酸铁的最佳混凝pH值为6~9。

（3）废水中悬浮颗粒物浓度。废水中悬浮颗粒浓度对混凝效果有明显影响，颗粒物浓度过低时，颗粒间的碰撞概率大大减小，混凝效果变差。

（4）搅拌强度。混凝过程可分为快速混合与絮凝反应两个阶段。快速混合要求有快速而剧烈的水力或机械搅拌作用；絮凝反应阶段应控制搅拌强度，避免已聚集的絮凝体被打碎而影响混凝沉淀效果。

（5）反应时间。絮凝反应是一个絮凝体逐渐增长的缓慢过程，需要保证一定的絮凝作用时间。

（6）药剂投加量。混凝效果随混凝剂投量增高而提高，但投量达到一定值后，混凝效果达最佳，再增加混凝剂则会发生再稳定现象，混凝效果反而下降。

9. 脱硫系统废水的排放量与哪些因素有关？

答：脱硫系统废水的排放量主要由浆液中的氯离子浓度（一般不超过20000 mg/L）和镁离子的浓度（一般不超过4000 mg/L）决定。浆液中的氯离子主要来自于烟气、工艺水，镁离子主要来自于吸收剂的携带。因此废水的排放量与煤质（决定烟气的含氯量）、工艺水质、耗水量以及吸收剂石灰石的品质有关。

10. 脱硫废水达标后排放方式有哪些？

答：脱硫废水达标后排放方式主要有以下几种：

（1）符合废水排放标准的脱硫废水可以选择直接排放。

（2）脱硫废水可以作为灰场、煤场增湿水使用。

（3）脱硫废水可以作为捞渣机补充水使用。

11. 为什么不能将未处理的脱硫废水直接用于锅炉冲灰用水？

答：因为脱硫废水中含有Hg、Pb等第一类污染物，按照国家相关标准，含第一类污染物的废水必须在脱硫废水处理系统处理达标后（禁止稀释）才能排放。如将重金属仍超标的脱硫废水直接用做冲灰水，重金属会分散在灰渣中，由于灰渣量大，更加不容易控制重金属在雨水冲刷、渗漏的过程中对地表水、地下水造成的污染。因此不能将不达标的脱硫废水直接用做冲灰水。

12. 为什么要进行脱硫废水零排放？

答：在湿法烟气脱硫工艺中，为了维持系统稳定运行和保证石膏质量，需要控制浆液中氯离子浓度不能过高，因此需要排放一定量脱硫废水。脱硫废水因成分复杂、污染物种类多、含盐量高并且很难重复利用，如果直接排放，很容易造成二次污染，是电厂最难处理的废水之一，且当前传统的脱硫废水处理技术很难满足国家废水排放标准要求；此外，某些地方标准或相关要求对脱硫废水总溶解性固体（TDS）严格限制。脱硫废水零排放技术会减少电力行业的工业用水用量和废水排放量，实现节能减排的环保目的，在一些严重缺水的西北地区，用水和排水成为对社会经济持续发展的制约，因此脱硫废水零排放技术的应用势在必行。

13. 废水零排放工艺路线有哪些？

答：（1）热法减量技术。主要包含多效蒸发（MED）技术、机械压缩式（MVR）技术和蒸汽动力压缩式（TVR）技术等。

（2）膜法减量技术。主要包含纳滤（NF）、反渗透（RO）、正渗透（FO）、电渗析（ED）、膜蒸馏（MD）等膜处理技术。

（3）脱硫废水固化处理技术。主要包括蒸发结晶技术、蒸发塘工艺、烟道喷雾蒸发、旁路烟气蒸发工艺、烟气余热利用等。

14. 简述无机吸附技术在脱硫废水中的应用原理。

答：无机吸附技术是利用无机吸附剂对水中氨氮、重金属等污染物的吸附作用，有效去除废水中的污染物，从而实现废水达到相关排放标准。

15. 简述铁氧微晶体废水处理技术。

答：铁氧微晶体废水处理技术是一种零价铁处理技术，主要用于去除废水中的重金属。该技术通过加入少量辅助药剂和控制工艺条件，可以主动、有效控制铁氧化物的生成，保持持续的去污能力，从而高效去除废水中的各类重金属污染物。采用铁氧微晶体技术可以替代传统的三联箱工艺。

16. 与现有三联箱工艺相比，用铁氧微晶体技术处理脱硫废水时，有什么优点？

答：（1）设备简单，易于操作维护。

（2）污染物去除效率高：可以实现汞、砷、硒、铅等重金属的稳定达标处理。

（3）适用范围广，可以用于冶金、矿山等重金属废水处理。

（4）运行费用低。运行费用为1~2元/t。

（5）污泥易于沉降、产生量少，且不具有浸出毒性，污泥处置费用低。

（6）对水质适应性强：对含盐量、悬浮物、重金属离子浓度、硬度等水质变动具有很强的适应性。

17. 简述多效蒸发（MED）技术处理废水的原理。

答：多效蒸发（MED）是废水被蒸发系统余热预热后，依次进入一效或多效蒸发器进行蒸发浓缩，最末效浓盐水经增稠器和离心机进行固液分离，分离出的液体回到系统再循环处理。多效蒸发是前一级蒸发器产生的二次蒸汽作为后一级蒸发器的热源，将蒸汽热能多次利用，故而热能利用率较高。

18. 简述机械压缩式（MVR）技术处理废水的原理。

答：MVR是将蒸发器排出的二次蒸汽通过压缩机经绝热压缩后送入蒸发器的加热室加热蒸发废水，二次蒸汽经压缩后温度升高，在加热室内冷凝释放热量，而料液吸收热量后沸腾汽化再产生二次蒸汽经分离后进入压缩机，循环往复，蒸汽得到充分利用。

19. 简述膜蒸馏法（MD）处理废水的原理。

答：膜蒸馏技术（MD）所用的膜是一种疏水微孔膜，膜两侧为不同温度的水溶液，利用膜两侧蒸汽压力差作为传质驱动力。因为膜具有疏水性，不允许两侧的水溶液透过膜孔进入到另一侧，但由于温度较高一侧的水溶液和膜界面的水蒸气压力高于另一侧，水蒸气就会从温度较高一侧穿过膜孔进入另一侧而冷凝成液态水。

20. 简述正渗透（FO）处理废水的原理。

答：正渗透（FO）以半透膜两侧溶液渗透压之差作为水分子跨膜的驱动力。采用高浓度的溶液作为驱动液，使原水中的溶剂（水）自发地通过半透膜进入驱动液中，使原水被浓缩。同时，稀释后的驱动液可以通过其他手段，如RO、膜蒸馏（MD）、热分解等加以回收，进入系统循环。

21. 简述电渗析（ED）法处理废水的原理。

答：电渗析技术从离子交换的基础上发展而来，其工作原理是依靠电位差。阳离子与阴离子交换膜交替排列在阴极与阳极之间，原液通过特制隔板形成的隔室，两端电极接通直流电后，在电场力的作用下，利用阳离子交换膜和阴离子交换膜的选择透过性，一部分水被淡化，另一部分水被浓缩，形成交替排列的淡室与浓室，从而将水进行分离与提纯。

22. 简述基于烟气蒸发的脱硫废水“零排放”技术。

答：烟气蒸发的脱硫废水“零排放”技术主要包括预处理系统、

膜法（包括RO、ED、MD、FO等）浓缩减量系统、高温烟气旁路烟道蒸发零排放系统。预处理系统可去除大部分悬浮固体颗粒、重金属等，并能充分有效地对水质进行软化，防止膜浓缩减量系统结垢；膜浓缩减量系统的淡水直接回用至脱硫系统、循环冷却水系统或厂内其他用水点，膜浓缩系统浓水在高温烟气旁路烟道蒸发器内利用双流体雾化喷嘴进行雾化干燥。高温烟气旁路烟道蒸发器从空气预热器前端、SCR出口之间烟道引入少量烟气，利用烟气的高温使雾化后的脱硫废水迅速蒸干，其中产生的水蒸气则随烟气再次回至空气预热器出口与除尘系统或低低温省煤器前烟道，废水中盐分随烟气至除尘器内被捕捉去除，不产生其他固体废弃物；水蒸气则进入脱硫系统冷凝成水，间接补充脱硫系统用水。整体工艺系统可节省脱硫工艺用水，减少电厂水耗；也可利用烟气余热，节省电厂能耗，并最终实现电厂脱硫废水的“零排放”。

第七节　公用系统

1. 脱硫压缩空气的用户有哪些?

答：（1）CEMS仪表、探头吹扫。

（2）真空皮带脱水机自动纠偏装置。

（3）石灰石卸料斗布袋除尘装置。

（4）系统中各气动控制阀门。

（5）石灰石粉仓流化风吹扫。

2. 压缩空气系统主要包括哪些设备?

答：压缩空气系统主要包括空气压缩机、再生式干燥器、空气压缩机出口储气罐、系统管路和安全装置及仪表、阀门等。

3. 脱硫系统压缩空气的用途可以分为哪两种?

答：脱硫系统压缩空气按用途可以分为仪用压缩空气和杂用压缩空气。仪用压缩空气主要用于仪表的吹扫和气动设备用气；杂用压缩空气主要用于系统吹扫。

4. 工艺水系统主要由哪些设备组成?

答：工艺水系统由工艺水泵、工艺水箱、滤水器、管路和阀门等构成。

5. 脱硫系统中工艺水的用户有哪些?

答：（1）吸收塔补水。

（2）石灰石浆液制浆用水。

（3）除雾器冲洗用水。

（4）浆液输送设备、输送管路、箱、罐、容器及集水坑的冲洗水。

（5）设备冷却水及密封水。

（6）氧化风机减温水。

（7）滤饼滤布冲洗水。

（8）事故喷淋用水。

6. 脱硫系统常用的阀门按结构特征划分有哪几种?

答：（1）蝶阀。通过阀杆带动旋转阀盘，用阀盘来改变阀门开度。蝶阀是湿法烟气脱硫系统中最常用的阀门，多用于各种浆液管道的隔离阀、冲洗水阀门、排空阀门等。

（2）球阀。通过转动球心，利用阀芯上的缺口起到节流和剪切的作用，适用于介质的流量调节，常用于石灰石供浆调节阀、机械密封水阀。

（3）隔膜阀。通过弹性衬板的叠合来关断流体，多用于工艺水、生活水、废水加药流量调节。

（4）闸阀。又称插板阀，闸阀的阀芯移动方向与介质的流动方向垂直，通过闸片将管道彻底隔离，一般用于工艺水补水总门、供浆泵入口手动门、石灰石粉（料）仓下料阀等。

（5）止回阀。指依靠介质本身流动而自动开关阀门，用来防止介质倒流，常用于工艺水、除雾器冲洗水泵等泵体出口。

7. 脱硫系统中测量仪表的设置原则是什么?

答：为保证脱硫系统中各参数的可靠测量，重要保护用的过程状态信号和自动调节的模拟量信号等采用三重或双重测量方式。如吸收塔液位，吸收塔进、出口烟气温度采用三取二测量方式，吸收塔浆液

pH值、浆液循环泵电动机绕组温度等采用双重测量方式。

8. 脱硫系统中常用 pH 计的工作原理是什么?

答：pH计是一种用来测定溶液酸碱度值的仪器。pH计是利用原电池的原理工作的，原电池的两个电极间的电动势依据能斯特定律，既与电极的自身属性有关，还与溶液里的氢离子浓度有关。原电池的电动势和氢离子浓度之间存在对应关系，氢离子浓度的负对数即为pH值。脱硫系统中常用玻璃电极pH计来测量液体的pH值，测量电极上有特殊的玻璃探头，当玻璃探头和氢离子接触时，产生了电位。测量液体的pH值不同，对应产生的电位也不一样，通过变送器将该电位转换成标准的4~20mA电流输出并换算成pH值显示。

9. 脱硫系统中有哪些位置安装 pH 计?

答：（1）吸收塔浆液池。

（2）脱硫废水中和箱。

（3）脱硫废水出水箱。

（4）部分脱硫系统石灰石浆液箱也加装pH计。

10. pH 计由哪些部件组成？各部件有何作用?

答：pH计由参比电极、测量电极和转换器（变送器）3个部件构成。

参比电极的作用是能够维持一个恒定的电位，与测量出来的各种偏离电位作对比。

测量电极的作用是根据所测溶液氢离子摩尔浓度，建立相应的电位差。

转换器（变送器）的作用是将测得的电位放大，处理后显示测量结果，并转换为标准信号输出。

11. 吸收塔浆液 pH 计安装位置有哪几种?

答：吸收塔浆液pH计安装位置有3种：

（1）在吸收塔壁上引出管道，在管道的水平段或pH缓冲罐上安装pH计，出口导入吸收塔地坑，利用吸收塔浆液的重力流过pH计处进行测量，也称为流通式安装。

（2）在石膏排出泵或者浆液循环泵出口管道上引出支管，支管上安装pH计，出口导入吸收塔地坑或直接进入吸收塔，利用泵的扬程将吸收塔浆液输送至pH计处进行测量。

（3）直接将pH计插入吸收塔浆液池进行测量，也称为直插式安装。

12. 便携式 pH 计电极使用的注意事项有哪些?

答：（1）玻璃电极插座应保持干燥、清洁，严禁接触酸雾、盐雾等有害气体，严禁沾上水溶液，保证仪器的高输入阻抗。

（2）不进行测量时，应将输入短路，以免损坏仪器。

（3）新电极或久置不用的电极在使用前，必须在蒸馏水中浸泡数小时，使电极不对称电位降低达到稳定，降低电极内阻。

（4）测量时，电极球泡应全部浸入被测溶液中。

（5）使用时，应使内参比电极浸在内参比溶液中，不要让内参比溶液倒向电极帽一端，使内参比悬空。

（6）使用时，应拔去参比电极电解液加液口的橡皮塞，以使参比电解液（盐桥）借重力作用维持一定流速渗透并与被测溶液相通；否则，会造成读数漂移。

（7）氯化钾溶液中应该没有气泡，以免使测量回路断开。

（8）应该经常添加氯化钾盐桥溶液，保持液面高于银/氯化银丝。

13. 吸收塔 pH 计电极使用的注意事项有哪些?

答：（1）新电极或久置不用的电极在使用前，必须在蒸馏水中浸泡数小时，使电极不对称电位降低达到稳定，降低电极内阻。

（2）电极从浸泡瓶中取出后，应在去离子水中晃动并甩干，不要用纸巾擦拭球泡，否则由于静电感应电荷转移到玻璃膜上，会延长电动势稳定的时间，更好的方法是使用被测溶液冲洗电极。

（3）测量电极使用前、后都要清洗干净，电极头极其脆弱，应注意保护。

（4）使用前应检查电极球泡前端是否有气泡，如有气泡应甩去。

（5）pH计在连续测量使用时，应定期进行手动标定，修正偏差。

（6）电极的一般使用时间为半年至一年。

（7）测量时，电极球泡要全部浸入被测溶液中。

（8）系统停运后应及时将电极放回盛有饱和氯化钾的溶液里进行保养。

14. 脱硫现场使用的各类变送器的作用是什么？

答：脱硫系统的变送器主要有温度变送器、压力变送器、差压变送器、流量变送器、电流变送器、电压变送器等，变送器能把传感器的输出信号转变为可被控制器识别的信号，传感器和变送器一同构成自动控制的监测信号源。

不同的物理量需要不同的传感器和相应的变送器组合将测得的信号转换成4～20mA电流信号送入DCS系统的现场控制站，通过该站对信号的采集和处理，一方面参与过程控制，另一方面通过计算机通信网络由LCD画面显示。

15. 脱硫系统常用的物位测量仪表有哪些？

答：脱硫系统常用的物位测量仪表有雷达物位计、超声波物位计、静压式（压力式、差压式）液位计、磁翻板液位计、重锤式料位计等。

（1）雷达、超声波物位计一般用在各箱罐（坑）物位、石灰石（粉）仓的测量。

（2）静压式液位计一般用在吸收塔、水箱、石灰石浆液箱液位的测量上，为保证吸收塔液位的准确性，一般采用三取二的布置方式。

（3）磁翻板液位计一般用在脱硫废水系统加药装置箱、罐液位的测量。

（4）重锤式料位计一般用在石灰石（粉）仓物位测量。

16. 压力式液位计的工作原理是什么？

答：压力式液位计采用静压测量原理，当液位变送器投入到被测液体中的某一深度时，传感器迎面受到压力的同时，通过导气不锈钢将叶面的压力引入传感器的正压腔，再将液面上的大气压与传感器负压腔相连以抵消传感器背面的压力，使传感器测得压力，通过静压公式可以计算出液位深度。静压公式为

$$p=\rho gh$$

式中　p——变送器迎液面所受压力；

　　　ρ——被测液体密度；

g——当地的重力加速度；

h——压力变送器投入液体的深度。

17. 超声波液位计的工作原理是什么?

答：超声波液位计的工作原理是通过超声波传感器发射超声波，超声波遇到测量介质的回波，再由超声波接收器（或同一个超声波传感器）比较发出信号和返回信号，根据测量超声波运动过程的时间差来确定液（物）位变化情况，由电子装置对微波信号进行处理，最终转化成与物位相关的电信号。

18. 脱硫系统常用的密度计有哪些?

答：脱硫系统常用的密度计有差压式密度计、音叉式密度计、科里奥利（科氏力）质量流量密度计、放射性同位素密度计、超声波密度计、微波密度计。

19. 差压式密度计的工作原理是什么?

答：差压式密度计的工作原理是利用一定高度液柱的静压力与该液体的密度成正比的关系，根据压力测量仪表测出的静压数值来计算液体的密度。

20. 音叉式密度计的基本工作原理是什么?

答：音叉式密度计传感器根据元器件振动原理而设计，此振动元件类似于两齿的音叉，叉体因位于齿根的一个压电晶体而产生振动，振动的频率通过另一个压电晶体检测出来，通过移相和放大电路，叉体被稳定在固有谐振频率上。当介质流经叉体时，因介质质量的改变，引起谐振频率的变化。

21. 放射性同位素密度计的工作原理是什么?

答：放射性同位素密度计内设有放射性同位素辐射源，其将具有一定入射强度的 γ 射线穿透被测浆液后被射线检测器所接收。当 γ 射线穿透浆液时会被组成浆液的原子吸收，吸收量与浆液的密度有关，通过该吸收量就可以推算出浆液的密度。

22. 脱硫系统常用流量计的作用和分类有什么?

答：流量计用来测量管道内各种介质的瞬时流量和累计流量。

脱硫系统常用的流量计有：

（1）用于水、石灰石浆液、石膏浆液等液体流量测量的电磁流量计、超声波流量计、科里奥利（科氏力）质量流量计、金属转子流量计（一般用于无腐蚀、含固量低的流体）。

（2）用于烟气等气体流量测量的皮托管流量计、矩阵流量计、超声波流量计、热导式流量计。

（3）用于CEMS仪表等小流量流体测量的金属浮子流量计。

23. 热电阻的工作原理是什么？

答：热电阻是中低温区最常用的一种温度检测器。热电阻测温是基于金属导体的电阻值随温度的增加而增加这一特性来进行温度测量的。它的主要特点是测量精度高，性能稳定。脱硫系统常采用Pt-100铂热电阻。

24. 执行器的工作原理是什么？

答：执行器是一种能提供直线或旋转运动的驱动装置，执行机构按其能源形式可分为气动、电动、液动，其基本类型有部分回转、多回转及直行程 3 种驱动方式。

25. 什么是 DCS？

答：DCS是指分散控制系统（Distributed Control System），相对于集中式控制系统而言，是一种计算机控制系统，是一个由过程控制级和过程监控级组成的以通信网络为纽带的多级计算机系统，综合了计算机、通信、显示和控制的4C技术，其基本思想是分散控制、集中操作、分级管理、配置灵活以及组态方便。

26. DCS 由哪几部分组成？

答：DCS从结构上划分，包括过程级、操作级和管理级。

（1）过程级主要由过程控制站、I/O单元和现场仪表组成，是系统控制功能的主要实施部分。

（2）操作级包括操作员站和工程师站，完成系统的操作和组态。

（3）管理级主要是指工厂经营管理信息系统（MIS系统）、工厂监控信息系统（Supervisory Information System，SIS），作为DCS更高层次的应用。

27. 什么是现场总线控制系统（FCS）？

答：现场总线控制系统（Fieldbus Control System，FCS）是分散控制系统（DCS）的更新换代产品，是一种先进的工业控制技术，它将网络通信与管理的观念引入工业控制领域。是一种数字通信协议，是连接智能现场设备和自动化系统的数字式、全分散、双向传输、多分支结构的通信网络。能够结合控制技术、仪表工业技术和计算机网络技术，具有现场通信网络、现场设备互连、互操作性、分散的功能块、通信线供电和开放式互联网络等技术特点。

28. PLC 系统作用是什么?

答：PLC是可编程逻辑控制系统（Programmable Logic Controller），是一种数字运算操作的电子装置，采用一类可编程的存储器，用于其内部存储程序，执行逻辑运算、顺序控制、定时、计数与算术操作等面向用户的指令，并通过数字或模拟式输入/输出控制各种类型的机械或生产过程，是工业控制的核心部分。

29. 低压直流系统指的是什么?

答：低压直流系统是给信号设备、保护、自动装置、事故照明、应急电源及断路器分、合闸操作提供直流电源的电源设备。低压直流系统是一个独立的电源，它不受发电机、厂用电及系统运行方式的影响，并在外部交流电中断的情况下，由蓄电池继续提供直流电源的重要设备。

30. UPS 系统指的是什么?

答：UPS即不间断供电电源，是将蓄电池（多为铅酸免维护蓄电池）与主机相连接，通过主机逆变器等模块电路将直流电转换成220V交流电的系统设备。主要用于给计算机、计算机网络系统或其他电力电子设备如电磁阀、现场仪表、阀门等提供稳定、不间断的电力供应。当外部电源输入正常时，UPS将外部电源稳压后供应给负载使用，此时的UPS就是一台交流式电稳压器，同时它还向机内电池充电；当外部电源中断（事故停电）时，UPS立即将电池的直流电能，通过逆变器切换转换的方法向负载继续供应220V交流电，使负载维持正常工作并保护负载软、硬件不受损坏，UPS设备通常对电压过高或电压过低都能提供保护。

31. 脱硫系统 UPS 的作用是什么?

答：脱硫系统主要的UPS用户有DCS控制系统、重要的热工仪表、CEMS工控机等，一般情况下以上设备均有两路电源，一路为常规电源，一路为UPS电源。在常规电源中断时，电源切换装置能立即将以上设备切至UPS供电，确保设备在任何时候都能够连续、稳定运行。

第四章　脱硫系统的运行维护管理

第一节　日常运行调整

1. 脱硫系统运行与调整的主要任务有哪些?

答:(1)在机组正常运行情况下,满足机组全烟气、全负荷下脱硫的需要,实现脱硫系统的环保功能。

(2)保证机组和脱硫装置的安全、环保、稳定、经济运行。

(3)保证各参数在最佳工况下运行,降低电耗、脱硫剂耗、水耗、废水药品耗量,增效剂、消泡剂、钢球等各种物耗。

(4)保证脱硫系统的各项技术经济指标在设计范围内,SO_2脱除率、石膏品质、废水品质等满足环保要求。

2. 简述脱硫系统运行控制的主要参数有哪些?

答:(1)吸收塔浆液的pH值、密度。

(2)吸收塔出口烟气的SO_2浓度、烟气温度、烟尘浓度。

(3)浆液循环量。

(4)钙硫比。

(5)石膏排出量。

(6)氧化风量。

(7)石灰石浆液密度、供浆量。

(8)除雾器压差、冲洗频次、冲洗水量。

(9)废水排放量、吸收塔内浆液的Cl^-浓度。

(10)吸收塔、箱、罐、坑液位。

3. 电动机的振动和温度标准是什么?

答:(1)振动标准:

1)转速为3000r/min的双振幅振动值不大于0.05mm。

2)转速为1500r/min的双振幅振动值不大于0.085mm。

3)转速为1000r/min的双振幅振动值不大于0.10mm。

4）转速在750r/min及以下的双振幅振动值不大于0.12mm。

（2）电动机带负荷运行温升稳定后，应不超过电动机绝缘极限温度允许值，其标准见表4-1。

表4-1　温度标准

绝缘等级	Y	A	E	B	F	H	C
允许温度（℃）	90	105	120	130	155	180	180以上

4. 为什么离心泵启动前要关闭出口阀门？

答：离心泵在启动时，为防止启动电流过大而使电动机过载，应在最小功率下启动。从离心泵的基本性能曲线可以看出，离心泵在出口阀门全关时的轴功率为最小，故应在阀门全关下启动。

5. 什么是吸收塔“晶种”？

答：在吸收塔首次启动时，向吸收塔浆液池中注入一定浓度的石膏浆液或者干石膏，这些石膏浆液或者干石膏被称为吸收塔“晶种”。

6. 在吸收塔首次启动前，为什么要加入“晶种”？

答：加入一定量的石膏“晶种”能够使吸收塔内的浆液在较低的过饱和度条件下形成晶核，使石膏结晶的过程尽可能在初始过饱和度不大、过饱和度与温度都比较稳定的条件下进行，从而使系统正常运行过程中得到颗粒粗大而整齐的石膏晶体，可以防止吸收塔内结垢现象。

7. 吸收塔系统首次或检修后启动前的检查项目有哪些？

答：（1）所有工作票已终结、检修工作均已结束。

（2）吸收塔喷淋层喷嘴无破损、无堵塞、无正对向塔壁或支撑梁。

（3）压力、压差、温度、液位、流量、密度、pH计等测量装置完好，并投入。

（4）设备周围清洁，无积浆、积水、积油及其他杂物。

（5）浆液循环泵、氧化风机等设备处于备用状态。

（6）石灰石浆液供应系统具备启动条件。

（7）吸收塔阀门工作正常。

（8）除雾器清洁，冲洗水泵及管道完好，无泄漏、堵塞。

（9）工艺水系统补水正常，工艺水泵及管道完好，无泄漏、堵塞。

（10）压缩空气系统正常。

（11）热工联锁保护试验正常。

8. 脱硫烟气系统启动前检查应包括哪些内容？

答：（1）烟气挡板门、挡板密封风机、增压风机、烟气换热器设备完好，烟气换热器无泄漏、堵塞。

（2）烟道无腐蚀、泄漏，膨胀节连接牢固、无破损；人孔门、检查孔关闭严密。

（3）烟气在线监测系统及热工仪表完好，投入正常。

（4）烟道挡板门动作灵活，密封良好。

（5）增压风机及其辅助系统满足启动条件。

（6）烟气换热器系统满足启动条件。

（7）烟道事故喷淋试验正常，管路无泄漏、无堵塞。

（8）检查脱硫仪用和杂用空气压缩机已具备启动条件，或仪用和杂用储气罐压力正常。

（9）检查脱硫工艺水箱、工业水箱已具备投运条件，或工艺水箱、工业水箱液位满足投运条件。

（10）检查脱硫制浆设备具备投运条件，或石灰石浆液箱已满足脱硫系统启动条件。

（11）检查脱硫系统相关的联锁保护已正常投运。

9. 脱硫系统运行中基本检查维护内容包括哪些方面？

答：（1）脱硫系统的清洁。对漏烟、漏浆、漏油、漏水及其他杂物及时处理，保持脱硫系统的清洁。

（2）罐体、管道。定期检查各罐体液位正常，无沉淀，管道畅通无堵塞。

（3）转动设备。定期检查油位、油压、振动、温度、噪声及严密性，检查转动设备冷却状况，保证各设备冷却水畅通；定期检查泵入口压力；定期检查泵的机械密封无泄漏。

（4）仪表、控制系统。定期检查各仪表、控制系统显示正常，逻辑参数设置正确。

10. 烟气系统运行中检查维护包括哪些方面？

答：（1）检查系统压降符合设计要求；定期检查烟气换热器原、净烟气侧差压情况，定时吹扫烟气换热器。

（2）检查烟道各处膨胀节无拉裂和漏烟现象。

（3）检查增压风机润滑油过滤器前后压差无报警。

（4）定期检查烟气在线监测系统取样管路无堵塞、伴热温度正常；定期校核烟气分析仪；保证烟气在线监测系统正常运行。

11. 吸收塔系统运行中检查维护包括哪些内容？

答：（1）吸收塔本体无漏浆、漏烟及漏风现象，吸收塔液位、密度和pH值应在正常范围内。

（2）除雾器压差正常，除雾器冲洗水畅通，压力在正常范围内。

（3）检查氧化风机出口压力、温度、流量正常，风机润滑油质、油位良好，滤网清洁；氧化风减温水压力、流量正常。

（4）浆液循环泵温度、振动在正常范围，无异音；泵、管道及膨胀节工作正常；出口压力正常。

（5）吸收塔搅拌装置及石膏排出泵运行正常，温度、振动在正常范围，无异音。

（6）吸收塔集水坑、浆液沟道内无杂物，浆液无沉积。

（7）吸收塔溢流管排气管道畅通，溢流管无浆液排出。

12. 正常运行情况下，吸收塔系统的调整参数主要有哪些？

答：（1）吸收塔液位。吸收塔液位过高，容易造成吸收塔溢流，严重时会造成原烟道进浆，造成引风机跳闸，引起机组非停。液位过低，会降低氧化反应空间，影响石膏品质。

（2）吸收塔浆液密度。吸收塔浆液密度一般控制在1080~1140kg/m^3之间。调整不当会造成管道及泵的磨损、堵塞，甚至造成SO_2脱除率下降、脱水困难等。

（3）吸收塔浆液pH值。pH值过高时，石灰石溶解减慢，亚硫酸根的氧化受到抑制，浆液中半水亚硫酸钙增加，管道容易结垢，石膏中碳酸钙含量增加，石灰石利用率降低；pH值过低时，二氧化硫的吸收将受到抑制。一般吸收塔pH值应控制在5.2~5.8之间。

（4）除雾器差压。定期冲洗除雾器，防止除雾器结垢、堵塞。

（5）氧化空气量。氧化空气量过少，影响亚硫酸钙的氧化和石膏品质，间接地影响脱硫效果。氧化空气量过大，造成能耗增加。

（6）浆液循环量。通过调整浆液循环量保持合理液气比，满足SO_2达标排放。

13. 脱硫系统中转动设备的检查内容主要有哪些？

答：（1）转动部件各部、地脚螺栓、联轴器螺栓、防护罩等连接牢固，测量及保护装置、工业电视监控装置齐全并正常投入。

（2）转动设备的润滑正常。油质良好，油位正常，油位指示清晰。

（3）转动设备的压力、振动、噪声、温度及严密性正常。

（4）转动设备的冷却装置投入正常。

（5）电动机电缆头及接线、接地线完好，连接牢固。

（6）运行中的设备皮带不打滑、不跑偏且无破损，皮带轮位置对中。

（7）设备事故按钮完好。

14. 脱硫系统中泵类设备的检查内容有哪些？

答：（1）机械密封完好，无漏浆及漏水现象。

（2）泵进、出口压力正常，无剧烈波动。

（3）泵启动前必须有足够的液位，阀门状态正常。

（4）检查泵出口介质流量是否正常，防止沉淀、堵塞。

（5）泵及其电动机的振动、温度、电流、声音正常。

（6）润滑油、润滑脂的油质合格，油位正常。

（7）外观清洁。

15. 脱硫系统运行中氧化风机的检查内容有哪些？

答：（1）氧化空气管道连接牢固，无泄漏现象，进、出口调节装置灵活。

（2）氧化空气出口压力、流量、温度正常。

（3）氧化风机进口滤网清洁、无杂物，过滤器前后压差正常。

（4）润滑油、润滑脂的油质合格，油位正常。

（5）氧化风机电流、振动、声音、温度正常。

16. 湿式球磨机制浆系统日常运行中的检查项目有哪些?

答：（1）称重皮带给料机给料均匀，无积料、漏料现象，称重装置测量准确。

（2）制浆系统管道及旋流器应连接牢固，无磨损和漏浆现象。若旋流子泄漏严重，应切换为备用旋流子运行，并及时检修。

（3）保持球磨机最佳钢球装载量，发现球磨机电流下降应及时补充钢球，禁止球磨机长时间空负荷运行。

（4）球磨机进出料管及研磨水管应畅通，水量适度，运行中应密切监视球磨机出口浆液箱液位及球磨机电流，严防球磨机堵塞。

（5）润滑油系统无泄漏、无堵塞。

（6）慢传电动机处于脱开位置，使用止回自动离合器的球磨机停运时严禁反转。

（7）注意监视球磨机进、出口密封处泄漏情况，及时做出处理。

（8）经常检查球磨机出口篦子的清洁情况，观察分离出来的杂物中石灰石含粗料情况，及时调整球磨机出力并补充钢球。

17. 湿式球磨机慢传启动装置启动要求是什么?

答：（1）在启动慢传装置前将慢传齿轮与电动机主齿轮啮合到位。

（2）在启动慢传装置前必须启动高压油泵，使球磨机大轴顶起，形成油膜，避免轴承烧毁。

（3）必须就地启动湿式球磨机慢传装置，并且慢传装置启动后严禁运行人员长时间离开。

（4）主电动机工作时，慢速启动装置不得与球磨球机结合。

18. 如何调整旋流器底流的浓度?

答：旋流器正常工作状态下，底流排料应呈伞状。如底流浓度过大，则底流呈柱状或呈断续块状排出。

调整处理的方法是底流浓度大可能是由给料浆液浓度过大或底流过小造成的，此时可以先在进料处补加适量的水，若底流浓度仍大，则需更换较大的底流口。若底流呈伞状排出，但底流浓度小于生产要求浓度，则可能是进料浓度低造成的，此时应提高进料浓度。“底流夹细”的原因可能是底流口径过大、溢流管直径过小、压力过高或过低，可以先调整好压力，再更换一个较小规格的底流口，逐步调试，达到正常生产状态。

19. 调整石灰石浆液细度的途径有哪些?

答：（1）保持合理的钢球装载量和钢球配比。运行中可通过监视球磨机主电动机电流来监视钢球装载量，若发现电流下降，则需及时补充钢球。

（2）控制进入球磨机石灰石粒径大小，一般湿式球磨机进料粒径小于20mm。

（3）调节球磨机入口进料量。一般为降低电耗，球磨机应在额定工况下运行。

（4）调节进入球磨机入口研磨水量。球磨机入口研磨水的作用之一是在筒体中流动带动石灰石流动，若研磨水量大则流动快，碾磨时间相对较短，浆液细度相对变大。

（5）调节旋流器入口压力。旋流器入口压力越大，旋流强度越强，底流流量相对变小，但石灰石浆液细度变大，反之细度变小。

（6）适当开启旋流器稀浆液收集箱至浓浆的细度调节阀，让一部分稀浆液再次进入球磨机碾磨。

（7）加强化学监督，定期化验浆液细度，为细度调节提供依据。

20. 石膏脱水系统的运行调整有哪些?

答：（1）石膏品质的调整。主要调整石膏浆液浓度、石膏浆液pH值、真空皮带脱水机（圆盘式脱水机）转速、真空度、滤饼冲洗、废水排放量等控制石膏品质达到设计要求。

（2）滤饼厚度调整。通过调整真空皮带脱水机（圆盘式脱水机）转速或石膏浆液给浆量，维持石膏滤饼厚度的稳定。

21. 简述真空皮带脱水机启动的主要步序。

答：（1）启动滤布滤饼冲洗水泵。

（2）投入真空皮带脱水机滤布冲洗水、皮带润滑水、真空室密封水。

（3）真空皮带脱水机滤布纠偏装置控制气囊进气压力在规定值。

（4）将脱水机频率设置在10%以下，启动真空皮带脱水机。

（5）开启真空泵轴封水、密封水，检查流量正常后启动真空泵。

（6）开启石膏旋流器底流至真空皮带脱水机电动门，启动石膏排出泵。

（7）控制石膏滤饼厚度在正常范围。

22. 真空皮带脱水机在运行中的检查内容有哪些？

答：（1）运行中应确保皮带辊子清洁。

（2）检查皮带无磨损、跑偏。

（3）检查纠偏气囊动作正常，检查滤布导向器的运行情况及位置。

（4）检查冲洗水喷嘴无堵塞。

（5）检查滤布无破损、打滑、跑偏。

（6）检查真空室密封水流量正常，真空软管无破损和堵塞。

（7）检查滤饼厚度正常。

（8）检查真空度在规定范围之内（一般在-40~-60kPa）。

（9）检查石膏含水率正常。

23. 真空皮带脱水机在什么情况下应紧急停运？

答：（1）皮带、滤布严重跑偏。

（2）皮带打滑或速度明显减慢。

（3）皮带、滤布撕裂。

（4）出料口堵塞。

（5）设备发出明显异音。

（6）危及设备及人身安全。

24. 水力旋流器应做哪些定期检查？

答：水力旋流器的零部件应定期检查，检查项目如下：

（1）检查旋流器部件总体磨损情况。

（2）检查溢流管、检查喉管。

（3）检查沉沙嘴。

（4）检查吸入管、锥管、锥体管扩展器。

（5）检查入口管。

25. 石灰石－石膏湿法脱硫系统正常运行时，如何改善和提高石膏品质？

答：（1）加强吸收塔入口参数监视，当烟尘浓度过高、入口硫分超设计值或锅炉较长时间燃油时，及时汇报相关人员进行调整。

（2）保证石灰石浆液品质。提高石灰石的纯度和石灰石浆液细度。

（3）保证工艺水的品质。控制水中的悬浮物、氯离子、氟离子、钙离子等的含量在设计范围内。

（4）保证pH值在最佳范围内。避免pH值大幅波动，保证塔内浆液$CaCO_3$含量在规定范围内。

（5）保证吸收塔浆液密度在最佳范围内。

（6）确保吸收塔浆液充分氧化。

（7）对石膏浆液旋流器定期进行清洗维护，定期化验底流密度，发现偏离正常时及时查明原因并作相应处理。

（8）定期对真空皮带脱水机、真空泵等设备进行清洗维护，保证设备的性能最佳。

（9）定期维护校验脱硫系统内的重要仪表如pH计、密度计等。

（10）适当加大废水排放量。

26. 脱硫系统入口烟气参数如何影响脱硫效率？

答：（1）吸收塔入口烟气量的影响。其他条件不变时，烟气量增大，脱硫效率降低；烟气量减小，则脱硫效率增大。

（2）入口烟气中SO_2浓度的影响。脱硫入口SO_2浓度很低时，由于吸收塔出口SO_2不会低于其平衡浓度，当烟气中SO_2浓度适当增加时，有利于SO_2通过浆液表面向浆液内部扩散，加快反应速度，脱硫效率随之提高；但随着SO_2浓度进一步增加，受液相吸收能力的限制，脱硫效率将下降。

（3）吸收塔入口烟气温度。由于脱硫反应是放热反应，温度降低时，利于SO_2的吸收。

（4）烟气中含尘浓度的影响。烟尘浓度大时会造成吸收塔浆液品质变差，从而导致脱硫效率下降。

（5）烟气中O_2浓度的影响。O_2含量增加，加快亚硫酸钙的氧化，脱硫效率增大，但当O_2含量增加到一定程度后效率增加较小。

（6）烟气中Cl^-、F^-含量等的影响。烟气中过多的Cl^-、F^-会造成吸收塔浆液品质变差，形成氟铝络合物，引起石灰石封闭，造成吸收塔浆液“中毒”，导致脱硫效率严重降低。

27. 如何保持脱硫系统的水平衡？

答：（1）依据机组负荷、除雾器差压和吸收塔液位，合理调整除雾器的冲洗次数和间隔。

（2）合理使用管道及设备的冲洗水量，同时避免因冲洗水量太少而引起设备或管道的堵塞。

（3）关闭停运设备的冷却水和密封水。

（4）石灰石浆液制备系统采用滤液水。

（5）控制石灰石浆液密度在设计值范围。

（6）合理排放脱硫废水。

（7）提高真空皮带机的出力，减少真空皮带机的运行时间。

（8）在保证除雾器正常冲洗的前提下，合理分配公用系统滤液水、稀浆、地坑内浆液等。

（9）设备冷却水回水返回工艺水箱循环使用。

（10）加强除雾器冲洗水阀门、管道、设备冲洗水阀门内漏检查，发现问题立即处理。

（11）根据氧化风温度不高于80℃，尽量减小氧化风母管减温水。

（12）加强工艺水箱、工业水箱、滤布冲洗水箱液位监控，防止水箱溢流导致脱硫系统水平衡失控。

28. 石灰石－石膏湿法脱硫系统在运行中可以从哪些方面来防止结垢现象的发生？

答：（1）提高锅炉除尘器的效率和可靠性，使脱硫系统入口烟尘浓度在设计范围内。

（2）控制吸收塔浆液中石膏过饱和度，使其最大不超过140%。

（3）选择合理的pH值区间运行，尤其避免pH值的急剧变化。

（4）保证吸收塔浆液的充分氧化。

（5）向吸收塔中加入增效剂，促进SO_2在浆液中的溶解吸收，提高石灰石的利用率。

（6）浆液管道停运后及时冲洗干净。

（7）确保搅拌设备正常运行，防止沉淀结垢。

29. 脱硫系统添加有机酸添加剂的优点有哪些?

答：（1）在满足达标排放的前提下适当降低液气比，可以减少投资成本和运行费用。

（2）缓冲pH值性能，脱硫系统可以在较低的pH值下运行。

（3）降低了气液相传质阻力，促进了SO_2在浆液中的溶解吸收，同时增大石灰石溶解速率，提高石灰石利用率。

（4）较低pH值，增加了溶质的溶解度，降低脱硫系统结垢堵塞的风险，提高了系统运行的可靠性。

（5）增加使用煤种和脱硫调整的灵活性。对于含硫量较高的燃煤，可以通过投用添加剂来保持脱硫性能，在特殊工况下尤其是脱硫入口硫分超过设计值时仍能满足达标排放要求。

30. 脱硫系统添加有机酸添加剂的缺点有哪些?

答：（1）有机酸添加剂仅作为辅助使用，添加较多的添加剂会增加化学需氧量（COD）和生化需氧量（BOD），严重时会导致吸收塔浆液大量起泡，造成吸收塔虚假液位和溢流。

（2）如果采用甲酸或甲酸钠，一些甲酸会随处理后的烟气排放，造成二次污染。

（3）部分有机酸添加剂会改变脱硫固体副产物晶体的大小和形状，因而改变浆液固体物沉淀和过滤特性，影响石膏品质。

31. 简述单塔单循环工艺吸收塔系统停运主要步骤。

答：（1）解除石灰石供浆流量调节自动，关闭石灰石供浆调节阀。

（2）停运浆液循环泵。

（3）降低吸收塔液位，停运氧化风机。

（4）手动进行除雾器冲洗。

（5）根据吸收塔浆液密度和液位情况，停运石膏脱水系统。

32. 简述脱硫系统长期停运的主要步骤。

答：（1）停运石灰石浆液制备系统。

（2）停运烟气系统。

（3）停运吸收塔系统。

（4）停运石膏脱水系统。

（5）停运废水处理系统。

（6）将吸收塔浆液导至事故浆液箱。

（7）停运压缩空气系统、工艺（业）水系统。

33. 压缩空气系统运行中的注意事项有哪些？

答：（1）定期检查储气罐系统压力。

（2）注意空气压缩机电流、排气温度正常，冷却水投入正常，系统无泄漏，干燥器投入正常。

（3）检查系统疏水正常。

（4）干燥器投入正常。

第二节　优化运行与指标管理

1. 脱硫系统的性能试验考核指标包括哪些内容？

答：脱硫系统的性能试验分预备性试验和主试验两个阶段各两次试验。预备性试验主要是确定测试仪器性能和脱硫的初步运行性能，以调整脱硫系统的运行参数，使之达到主性能实验要求。主性能试验则全面考察脱硫系统的各项技术指标。各项指标如下：

（1）脱硫系统进、出口烟气中的二氧化硫浓度和氧量。

（2）吸收塔进、出口烟气温度。

（3）GGH出口烟气温度。

（4）脱硫进、出口烟气流量，同时测量每点的静压，算出脱硫系统的压损。

（5）除雾器出口净烟气液滴含量。

（6）脱硫进、出口烟尘含量。

（7）脱硫进、出口HF、HCl浓度。

（8）电耗。分别用安装在6kV/10kV和380V母线处的电能表计量。

（9）石灰石（粉）耗量。以石灰石（粉）实际使用的过磅量或给料机统计量为准。

（10）工艺水耗量。安装总水表进行计量。

（11）能耗（如蒸汽耗量、脱硫系统内燃料耗量）、噪声、脱硫系统各处粉尘浓度、热损失（保温设备的最大表面温度）、石膏品质、球磨机出力、脱硫废水品质等。

2. 脱硫石膏检测指标包括哪些?

答：主要包括石膏含水量、石膏纯度、碳酸钙含量、亚硫酸钙含量、氯离子含量、酸不溶物等。

3. 石灰石的性能指标有哪些?

答：石灰石的性能指标主要包括石灰石的成分和纯度、石灰石的活性以及可磨系数。其中石灰石的成分包括$CaCO_3/CaO$、SiO_2、MgO、Fe_2O_3、Al_2O_3、烧失量等。

4. 脱硫设备性能指标主要有哪些?

答：脱硫设备性能指标主要有设备效率、设计裕度、结构材料、设备噪声、腐蚀裕度、防磨性能等。

5. 燃煤电厂烟气治理设施运行管理的绩效考核包括哪些内容?

答：火力发电厂烟气治理设施运行管理的绩效考核内容包括影响烟气治理设施达标排放的原料输入、生产运行、检修维护、设备管理等方面，如燃料采购考核、吸收剂采购考核、还原剂采购考核、锅炉及辅机运行考核、检修维护考核、仪表管理考核、化学监督考核、环保指标考核等。

6. 火力发电厂烟气治理设施运行管理的考核指标包括哪些?

答：火力发电厂烟气治理设施运行管理的考核指标包括性能指标、生产管理和主要设备 3 个方面。

性能指标方面主要有脱硫脱硝除尘设施的效率、系统投运率、排放达标状况及总量控制情况、脱硫吸收剂和脱硝还原剂耗量、电耗、脱硫副产物品质、脱硫水耗量、脱硝氨逃逸、除尘压缩空气消耗量等。

生产管理方面包括管理体系的建立和运行管理两部分。管理体系主要是制度与规程、组织机构、人员培训、应急预案等；运行管理主要是运行、检修、维护台账及记录、检测分析报告、化学分析记录、设备台账、技术资料、安全文明生产、技术改进和运行优化等。

主要设备方面包括脱硫和脱硝两个部分。脱硫部分包括增压风机、烟气换热器、事故喷淋、吸收塔内构件、循环泵、氧化风机、烟风道及附属设备、球磨机及配套设备、制浆系统、石灰石储存和输送设备、石膏旋流器、真空皮带脱水或其他脱水设备、石膏输送设备、石膏储存及利用、工艺水泵、空气压缩机、事故浆液罐及泵等；脱硝部分（以液氨法为例）包括SCR反应器、催化剂、氨空混合器、稀释风机、吹灰器、液氨储罐、液氨蒸发槽、氨气缓冲槽、氨气泄漏检测器、氮气吹扫系统等。

7. 二氧化硫排放绩效是怎样定义的?

答：二氧化硫排放绩效是每发1kW·h电排放的二氧化硫质量，单位为g/（kW·h）。为了控制我国二氧化硫总的排放量，根据排放绩效值来确定每个机组允许的最大排放量。

8. SO_2 减排量的定义如何？如何计算 SO_2 减排量？

答：SO_2减排量是指在统计期内脱硫设施脱除的SO_2总量。

一般有两种计算方式：

（1）通过CEMS记录的原、净烟气SO_2平均浓度及烟气流量计算出SO_2减排量。

（2）通过物料衡算法计算火力发电厂SO_2减排量，公式为SO_2减排量＝燃用原煤耗量×燃煤平均硫分×2×煤中硫转换系数×综合脱硫效率。

9. 写出脱硫系统石灰石用量的物料衡算计算公式。

答：石灰石用量=原煤用量×原煤硫分×煤中硫转化率×2×脱硫综合效率×100÷64×钙硫比÷石灰石$CaCO_3$百分含量。

10. 写出脱硫系统石膏产生量的物料衡算公式。

答：石膏产生量=二氧化硫去除量×钙硫比×172÷64÷化验单二水硫酸钙含量÷（1–外在水分含量）

11. 简述脱硫系统按能耗计算的三耗率指标及意义。

答：（1）脱硫耗电率。统计期内脱硫系统的总耗电量与相关机组总发电量的百分比。

（2）脱硫剂耗率。统计期内脱硫剂用量与机组发电量的比值。

（3）脱硫水耗率。统计期内脱硫用水量与机组发电量的比值。

12. 简述脱硫系统按减排量计算的三耗率指标及意义。

答：（1）减排电耗率。统计期内脱硫系统的总耗电量与SO_2减排量的比值。

（2）减排脱硫剂耗率。统计期内脱硫剂用量与SO_2减排量的比值。

（3）减排水耗率。统计期内脱硫水用量与SO_2减排量的比值。

13. 简述燃煤电厂大气污染物基准氧含量排放浓度折算方法。

答：实测的火力发电厂烟尘、二氧化硫、氮氧化物和汞及其化合物排放浓度，必须执行GB/T 16157《固定污染源排气中颗粒物测定与气态污染物采样方法》的规定按下列公式折算为基准氧含量（6%），即

$$\rho=\rho' \times \frac{21-\varphi(O_2)}{21-\varphi'(O_2)}$$

式中　ρ　——大气污染物基准氧含量排放浓度，mg/m^3；

ρ'　——实测的大气污染物排放浓度，mg/m^3；

$\varphi(O_2)$　——基准氧含量，%；

$\varphi'(O_2)$　——实测的氧含量，%。

14. 脱硫系统运行优化的目的是什么？

答：脱硫系统优化运行的目的是在满足当地环保要求的前提下，使得运行成本最低，并且使设备在最优工况下运行。

15. 降低脱硫系统水耗的措施有哪些？

答：吸收塔浆液中水分的蒸发、副产品的携带以及废水处理系统的排放是脱硫系统主要的耗水环节，降低水耗的措施有以下几点：

（1）烟道和烟囱冷凝液回收利用。

（2）提高真空皮带脱水机脱水性能，提升石膏品质，降低石膏中游离水含量。

（3）回收利用设备冷却水。浆液循环泵、氧化风机冷却水回水进入工艺水箱，循环再利用。

（4）根据浆液品质如氯离子浓度情况控制废水排放量，减少不必要的废水排放。

（5）监督工艺水水质，避免如工艺水中氯离子浓度高造成吸收

塔浆液氯离子浓度上升，从而影响废水排放量。

（6）高负荷运行期间除必要的除雾器冲洗以外，尽可能避免采用除雾器冲洗为吸收塔补水，避免烟气带水量增大。

（7）降低吸收塔入口烟气温度，如安装GGH或在脱硫入口安装低温省煤器，通过降低吸收塔入口烟气温度降低系统蒸发水耗。

（8）加强除雾器冲洗水阀门、浆液管道、设备等冲洗水阀门内漏检查，发现阀门内漏立即安排处理，避免大量水进入吸收塔。

（9）使用真空皮带脱水机滤液回收制浆，降低脱硫水耗。

16. 降低脱硫系统电耗的措施有哪些?

答：（1）优化烟气流场、降低烟气系统阻力。

1）如果设有GGH，应监视其阻力，经常对其进行吹扫，并利用停机机会对其进行冲洗，减少其压损。

2）定期冲洗除雾器，降低除雾器差压。

3）调整锅炉燃烧效果，降低过量空气系数以减少烟气量。

4）全面排查锅炉烟气系统，减少系统漏风量。

5）脱硫入口增加低温省煤器，降低脱硫系统入口烟气温度，从而降低烟气量。

6）优化设计，减少整个系统阻力。

7）满足达标排放的前提下，适时停运浆液循环泵运行，减少喷淋浆液带来的阻力。

（2）降低二氧化硫吸收系统电耗。

1）选择最佳的浆液循环泵运行组合方式。

2）浆液循环泵采用变频或永磁调节，根据二氧化硫排放标准，精细化调整。

3）吸收塔浆液保持低密度运行。

4）根据当前机组烟气量、入口SO_2浓度合理调整氧化风量。

（3）降低石膏脱水系统电耗。

1）保证脱水系统满出力运行，缩短脱水运行时间，降低能耗。

2）真空泵、石膏排出泵采用变频调节。

（4）降低制浆系统电耗。

1）确保球磨机达到额定出力，缩短制浆时间，降低能耗。

2）石灰石浆液再循环泵采用变频调节。

（5）其他系统降低电耗。工艺水泵、石灰石浆液泵取消回流管道，采用变频控制。

（6）北方地区可将综合管架封闭后采取蒸汽、暖气伴热方式，减少电伴热电耗。

（7）无需连续运行的设备可间断运行，减少其运行电耗。

（8）机组停运前提前降低箱、罐、坑液位，停机期间可根据实际情况排空箱罐，停运其附属设备。

（9）各设备冷却水回水进入工艺水箱，避免地坑泵频繁启停增加的电耗。

（10）根据现场实际情况投退照明设备。

17. 降低脱硫系统石灰石耗量的措施有哪些？

答：（1）控制石灰石浆液细度，提高石灰石纯度。通过优化水料配比、钢球装载量、石灰石旋流器运行提高石灰石浆液细度，有助于提高石灰石利用率，高纯度石灰石降低了石灰石中的杂质含量可从整体上减少石灰石耗量。

（2）优化吸收塔浆液pH值，降低钙硫比。运行期间保持较低的pH值运行降低浆液中钙硫比，减少石膏中碳酸钙含量。

（3）适当使用脱硫增效剂提高石灰石利用率。

（4）优化石膏旋流器旋流效果，降低底流中碳酸钙含量，减少石膏中携带石灰石含量。

（5）适当提高排放浓度，减少二氧化硫减排量以降低石灰石耗量。

（6）控制燃煤硫分，燃用较低硫分燃煤可以显著降低石灰石耗量。

18. 吸收塔浆液密度控制范围是多少？吸收塔浆液密度过高、过低对脱硫系统有哪些影响？

答：吸收塔浆液密度一般控制在1080~1140kg/m^3。

吸收塔浆液密度过高影响：

（1）$CaSO_4 \cdot 2H_2O$含量趋近饱和，会抑制浆液对SO_2的吸收。

（2）加剧设备磨损，降低设备使用寿命。

吸收塔浆液密度过低影响：

（1）浆液中的$CaSO_4 \cdot 2H_2O$含量较低。

（2）$CaCO_3$含量相对较大，会导致浆液内石膏结晶困难，造成石膏品质下降，且石灰石耗量增加。

19. 烟气系统优化运行可以从哪些方面入手?

答：烟气系统节能降耗的关键就是降低烟气系统的阻力，从而降低风机电耗。

（1）控制GGH和除雾器的压差。运行期间定期对其进行冲洗，使其压差在合格范围内，同时利用停机机会进行检查，对于堵塞、破损的区域及时进行冲洗、修复。

（2）降低增压风机电耗。取消脱硫增压风机，采用引/增合一的方式，降低厂用电率；优化二氧化硫吸收系统的运行方式，减少风机电耗。

（3）降低烟道阻力。机组停运时，清理原烟道堆积的石膏浆液；从运行和设备改造方面降低进入脱硫系统的烟气量，从而降低能耗。

（4）加强烟气在线系统比对检查，确保烟气系统取样合法合理、测量准确，防止因测量偏差导致脱硫各项能耗增加。

（5）在出口SO_2上升时，坚持“先浆后电”原则，通过提高pH值或添加脱硫增效剂，尽量减少浆液循环泵运行台数，节约浆液循环泵电耗，同时减少了喷淋层的烟气阻力，也达到了烟气系统优化的目的。

20. 制浆系统优化运行可以从哪些方面入手?

答：制浆系统优化运行的目的是在制浆过程中尽可能使其满负荷运行，保证它的最高制浆效率，一般可以从以下方面入手：

（1）严格控制进入湿式球磨机的石灰石品质。粒径小的石灰石可以减少湿式球磨机运行负荷，增加球磨机单位时间内石灰石浆液制备量，石灰石中可磨性系数对其出力的影响也很明显。

（2）调整湿式球磨机钢球装载量。确保球磨机达到额定出力。

（3）合理分配磨头水流量及旋流器底流、溢流量。减少重新进入湿式球磨机的浆液量，通过试验方式调整旋流子投入数量、石灰石浆液再循环泵变频等选择合适的旋流器入口压力，保证旋流器分配至石灰石浆液箱的浆液细度合格。

（4）优化石灰石旋流器运行参数。关注入口压力波动、旋流子堵塞等情况并及时更换沉沙嘴，保证旋流器分离效果。

（5）完善脱硫化验分析。通过对石灰石品质、浆液粒径分布等参数的分析，既要避免石灰石浆液细度不合格，也要避免过度研磨造成能耗增加。

（6）加强运行监督，在球磨机启停期间尽量减少系统空载运行时间。

（7）优化设计。避免采用截流的方式控制旋流器压力，石灰石浆液再循环泵可采用变频控制；滤液水作为制浆系统用水，循环利用。

21. 石膏脱水系统优化运行可以从哪些方面入手？

答：石膏脱水系统优化运行的目的是在脱水过程中保证石膏品质合格的前提下尽可能多地产出石膏，从以下方面入手：

（1）确保吸收塔浆液品质合格。石灰石品质合格、氧化风量充足、pH值在正常范围等条件下，保证石膏品质。

（2）保证进入石膏旋流器的浆液密度在正常范围。尽可能在正常范围的较高值时，启动石膏脱水系统，减少运行时间。

（3）调整石膏旋流器压力。通过旋流器分离将底流浆液浓度调整至50%左右，避免多余的水分进入二级脱水系统，影响脱水效果的同时也对整个系统的出力带来影响。

（4）真空皮带脱水机的运行优化。通过调整其真空严密性、滤布通透性、滤饼厚度、真空泵密封水量、石膏在滤布上的均布程度等，使其在最优工况下运行。

（5）最佳石膏处理量。在确保石膏品质合格的前提下，尽可能多地投运石膏旋流子、提升真空皮带脱水机转速，保证二级脱水系统的最大出力。

（6）其他设备优化调整。避免滤布冲洗水箱溢流；真空泵采用变频调节，降低能耗。

22. 在保证脱硫系统达标排放的前提下，采取哪些调整措施做好脱硫系统的节能工作？

答：脱硫系统节能工作要始终在保证达标排放的前提下进行，做到安全、环保、经济运行。

（1）合理掺配燃煤，保证入炉煤硫分在设计值范围内。

（2）单独设置增压风机的脱硫系统，根据锅炉炉膛压力和增压风机入口压力及其运行情况调整增压风机导叶开度，入口负压满足要求的情况下尽可能降低增压风机运行电流，达到节能的目的。

（3）机组运行过程中，可适当向吸收塔中加入增效剂，既能保证排放浓度达到环保要求，提高石灰石利用率，又能适当减少浆液循环泵运行时间。

（4）依据机组负荷、入炉煤硫分，在满足达标排放和安全运行的前提下，减少吸收塔浆液循环泵的运行台数或优化不同功率浆液循环泵组合方式。

（5）密切监视除雾器差压、GGH差压变化情况，按照冲洗周期对除雾器进行冲洗，定期对GGH进行吹扫，降低烟气系统阻力，减少脱硫系统压力损失。

（6）合理调整吸收塔浆液密度在合格范围，尽可能维持较低密度运行，降低浆液循环泵、氧化风机、搅拌器等设备的运行电流。

（7）定期清理氧化风机入口滤网，对氧化风管、喷嘴或喷枪进行冲洗，利用停机机会检查氧化风管堵塞情况，降低氧化空气系统阻力以降低氧化风机的能耗。同时对于风量可调的氧化风机可根据运行工况调整风量，避免氧化空气过量。

（8）控制入厂石灰石的粒径或者石灰石粉的细度，监督进厂石灰石或者进厂石灰石粉的品质在合格范围内。

（9）保证制浆系统达到额定出力，尽量缩短制浆系统的运行时间，定期添加钢球并优化钢球配比，保证石灰石浆液品质合格。

（10）合理调整石膏旋流器旋流子的投入个数及进入真空皮带脱水机的石膏浆液量，提高脱水系统的出力，缩短脱水系统的运行时间，保证脱水系统满负荷运行。

（11）保证真空度合格的前提下，适当减少真空泵密封水流量。

（12）控制工艺水水质合格，同时确保废水处理系统的正常运行，保证Cl^-的浓度在合格范围内。

（13）在满足冲洗效果的前提下尽量减少管道及设备的冲洗水量，关闭停运设备的冷却水和机械密封水，及时处理阀门泄漏缺陷。

（14）能间断运行的设备应间断运行，及时优化脱硫运行方式，达到节能的目的。

第三节　化验分析

1. 简述 FGD 化学检测的目的。

答：（1）校验在线仪表。如吸收塔pH计、密度计等。

（2）定期检测工艺过程中的各种流体。如吸收塔浆液密度、石灰石及石膏成分的分析等。

（3）鉴别和查找工艺过程出现的问题，为运行人员提供调整依据。如石膏中未反应的石灰石含量偏高时，需要通过分析石灰石、吸收塔浆液来查找原因。

（4）测定脱硫系统性能。脱硫系统安装、调试后需通过一系列试验来验证脱硫装置能否达到设计性能保证值，往往要通过化学分析结果来描述脱硫系统性能。

（5）优化系统性能。通过一系列化学分析明确判明整个系统或某个子系统目前的性能，如果其性能下降则需寻找最佳运行参数，使系统达到预期的性能并获得较好的经济效益。

（6）按照环保标准监测系统排放物是否达到排放标准，监测石灰石、石膏、废水等是否符合相关标准规定的要求。

2. 测试石灰石活性的主要试验方法有哪几种?

答：石灰石活性是衡量石灰石吸收SO_2能力的一个综合指标，该测试也可用于石灰石反应性能评级并选取符合条件的石灰石。主要试验方法有两种：一种是恒定pH值测定石灰石活性；另一种是恒定加酸率下测定石灰石活性。

3. 恒定 pH 值测定石灰石活性的方法怎么进行?

答：通过调整向石灰石浆液中滴定酸的速度来维持pH值不变，考察石灰石的溶解速率的大小，持续加入的酸溶液可以是盐酸、硫酸或者溶有SO_2的乙醇溶液。

评定标准：单位时间内溶解的石灰石越多，石灰石的消融速率越大，石灰石活性也越高；对于不同石灰石样品，在同一滴定时间里，反应率高或耗酸量多的样品，反应活性高。

4. 恒定加酸率下测定石灰石活性的方法怎么进行?

答：一定细度一定质量的石灰石粉溶解在定量的去离子水中，恒温搅拌下，用一定浓度的稀硫酸以恒定的速度连续滴入，记录实验过程中pH值的变化过程，得到曲线pH-t。

评定标准：达到预定pH值参加反应的石灰石越多，表明该石灰石有很强的中和能力，反应时间也就越长；石灰石活性曲线中平台的维持时间越长，表明石灰石中的有效反应成分就越多，越有利于对烟气二氧化硫的吸收，活性越好。

5. 脱硫运行管理中，对石灰石品质有哪些监督项目？

答：（1）$CaCO_3$的质量分数。石灰石中$CaCO_3$的质量分数高则品质好，能增加浆液吸收SO_2的反应速率；有利于提高脱硫效率和石灰石的利用率。脱硫装置使用的石灰石中$CaCO_3$的质量分数应高于90%。

（2）$MgCO_3$及杂质的质量分数。$MgCO_3$质量分数高会降低石灰石的活性，一般应控制在3%以下。石灰石中SiO_2的含量过高将导致设备磨损、能耗增大，一般应低于2%。石灰石中杂质对石灰石颗粒的溶解起阻碍作用，杂质质量分数越高，这种阻碍作用越强，最终还将造成石膏品质的下降。

（3）石灰石浆液粒径。石灰石的反应速率与石灰石粉颗粒比表面积成正比，颗粒的粒度越小，质量比表面积越大，溶解性能好，脱硫效果和石灰石的利用率高，同时降低石膏中石灰石的质量分数，有利于提高石膏品质。通常要求石灰石粉90%可以通过325目（44μm）。

（4）石灰石的活性。石灰石的活性即溶解速率是影响脱硫效率的主要因素。在石灰石颗粒粒度和溶解条件相同的情况下，溶解速率大则石灰石活性高。

6. 脱硫运行管理中，对吸收塔浆液成分有哪些监督项目？

答：（1）吸收塔浆液pH值。SO_2脱除效果和石膏的品质取决于吸收塔浆液pH值的控制，通常吸收塔浆液pH值控制在5.2～5.8之间。

（2）吸收塔浆液密度。运行中一般吸收塔浆液密度应控制在1080~1140kg/m^3，才能使石膏中的$CaCO_3$质量分数保持在较低的水平、SO_2脱除效果维持在较高水平。

（3）吸收塔浆液含固量。当$CaSO_3$和$CaSO_4$在溶液中超过某一相对饱和度后，石膏晶体会形成晶核，同时在其他物质表面生长，导致吸收塔浆液池内结垢；此外，晶体还会覆盖在那些未及时反应的石灰石颗粒表面产生沉淀，造成石灰石利用率下降及浆液泵的磨损。

（4）浆液中的$CaCO_3$含量。吸收塔浆液中$CaCO_3$含量过高，表明石灰石供浆量过大，钙硫比增加，运行成本上升，影响石膏的品质；

$CaCO_3$过饱和凝聚，会使反应的比表面积减小，从而影响脱硫效果。一般控制在1.0%～2.0%。

（5）浆液中的Cl^-和F^-浓度。吸收塔浆液中的Cl^-主要来自烟气中的HCl，Cl^-在浆液中逐渐富集，Cl^-浓度过高，将加剧设备腐蚀，使石膏脱水困难、吸收剂溶解困难。运行中Cl^-质量浓度不宜高于10000mg/L。吸收塔中的F^-主要来自烟气中的HF，影响石灰石的化学活性，一般控制在100mg/L以下。

（6）浆液中酸不溶物含量。吸收塔浆液中的酸不溶物主要来自石灰石中的杂质和烟尘中的飞灰。酸不溶物含量高，将加剧设备磨损，影响吸收反应和石膏品质。

7. 脱硫运行管理中，对石膏品质有哪些监督项目?

答：（1）石膏含水率。一般要求石膏的含水率小于10%，影响石膏含水率的因素有石膏在浆液中的过饱和度、吸收塔浆液的pH值、氧化空气量、石膏晶体的颗粒形状和大小、石膏脱水设备的运行状态等。

（2）石膏纯度和$CaCO_3$质量分数。一般要求石膏的纯度大于90%，若石膏颜色较深，则其含尘量过大；应注意监视入口烟尘含量，降低石灰石杂质含量。$CaCO_3$是脱硫石膏的主要杂质，一般要求石膏中$CaCO_3$的质量分数小于3%，当石膏中$CaCO_3$质量分数偏高时，应及时检查系统运行方式，分析石灰石供浆量情况，化验分析石灰石浆液品质、石灰石原料及石灰石浆液细度。

（3）$CaSO_3 \cdot 1/2H_2O$质量分数。未氧化的$CaSO_3$很容易在石膏晶体上结晶，使石膏粒径分布变宽，降低了石膏的强度。一般要求$CaSO_3 \cdot 1/2H_2O$质量分数小于0.5%。如果其质量分数过高则表明吸收塔内的氧化反应异常，应检查氧化风机运行是否正常。

（4）Cl^-质量浓度。一般要求石膏中Cl^-质量浓度小于100mg/kg，含量偏高应使用冲洗水冲洗滤饼。当石膏中Cl^-质量浓度偏高时可通过增加滤饼冲洗水量、增加脱硫废水排放量来调整。

8. 脱硫运行管理中，对脱硫废水品质有哪些监督项目?

答：根据DL/T 99—2006《火电厂石灰石-石膏湿法脱硫废水水质控制指标》，脱硫废水品质的监督项目主要包括以下几项。

（1）总汞。控制标准为0.05mg/L。

（2）总镉。控制标准为0.1 mg/L。
（3）总铬。控制标准为1.5 mg/L。
（4）总砷。控制标准为0.5 mg/L。
（5）总铅。控制标准为1.0 mg/L。
（6）总镍。控制标准为1.0 mg/L。
（7）总锌。控制标准为2.0 mg/L。
（8）悬浮物。控制标准为70 mg/L。
（9）化学需氧量。控制标准为150 mg/L。
（10）氟化物。控制标准为30 mg/L。
（11）硫化物。控制标准为1.0 mg/L。
（12）pH值。控制标准为6~9。

9. 试列出石灰石应测定的化验项目及所采用的试验方法。

答：（1）石灰石块粒度。采用筛分法。
（2）石灰石粉细度。采用水筛法或负压筛析法。
（3）可磨性指数。采用哈德格罗夫法。
（4）活性。采用盐酸滴定法。
（5）氧化钙。采用EDTA滴定法。
（6）氧化镁。采用EDTA滴定法。
（7）盐酸不溶物。采用重量法。
（8）二氧化硅。采用钼蓝分光光度法。

10. 试列出石膏浆液应测定的化验项目及所采用的试验方法。

答：（1）pH值。采用玻璃电极法。
（2）水溶性氯离子。采用硝酸银滴定法或电位滴定法。
（3）总亚硫酸盐。采用碘量法。
（4）含固量。采用重量法。
（5）水溶性钙、镁离子。采用EDTA滴定法。
（6）密度。采用密度瓶法。

11. 试列出石灰石浆液应测定的化验项目所采用的试验方法。

答：（1）密度。采用密度瓶法。
（2）含固量。采用重量法。
（3）细度。采用水筛法。

12. 试列出脱硫系统石灰石定期化验项目。

答：（1）$CaCO_3$含量。

（2）$MgCO_3$含量。

（3）Al_2O_3含量。

（4）Fe_2O_3含量。

（5）SiO_2含量。

（6）细度（325目过筛率）。

（7）酸不溶物含量。

13. 试列出脱硫系统石膏定期化验项目。

答：（1）$CaCO_3$含量。

（2）$CaSO_3 \cdot 1/2H_2O$含量。

（3）$CaSO_4 \cdot 2H_2O$（纯度）含量。

（4）附着水含量。

（5）Cl^-含量。

（6）酸不溶物含量。

14. 试列出脱硫系统吸收塔浆液定期化验项目。

答：（1）含固量。

（2）pH值。

（3）$CaSO_4 \cdot 2H_2O$含量。

（4）$CaCO_3$含量。

（5）$CaSO_3 \cdot 1/2H_2O$含量。

（6）Cl^-含量。

（7）酸不溶物含量。

15. 试列出脱硫系统废水定期化验项目。

答：SS、COD、浊度、硫化物、F^-、总铜、总铬、总镉、总汞、总砷、总铅。

16. 试列出脱硫系统工艺水（工业水）定期化验项目。

答：硬度、Cl^-、pH、浊度、COD。

17. 脱硫系统使用的工艺水及冷却水水质有哪些要求？

答：（1）在湿法脱硫系统中对于除雾器冲洗水的水质要求：一

方面既要防止除雾器冲洗水喷嘴因工艺水中的悬浮物杂质含量过高而引起堵塞；另一方面也要防止因硬度离子含量过高而引起喷嘴结垢现象。一般要求水质中Ca^{2+}浓度小于200mg/L、SO_4^{2-}浓度小于200mg/L、悬浮物浓度小于1000mg/L、pH值在7～8之间。

（2）设备冷却水及冲洗水的水质要求：由于转动机械的冷却及密封冲洗水对水质的要求稍高，应该采用较为洁净的工业用水。一般要求总硬度为250mg/L、pH值在6.5～9.5之间、悬浮物浓度小于50mg/L。

18. 处理脱硫废水添加 NaOH 作为碱性药剂有哪些优点？

答：（1）溶解度高，加药管道不易发生堵塞。

（2）pH值提升明显。

（3）反应速度快，利于重金属沉淀。

19. 处理脱硫废水添加 NaOH 作为碱性药剂有哪些缺点？

答：（1）无法降低废水中F^-浓度。

（2）与石灰乳药品相比，废水处理成本较高。

（3）购买时需要到相关部门备案。

（4）引入了大量Na^+进入脱硫系统。

（5）具有强腐蚀性，易对人体造成危害。

20. 电石渣作为脱硫剂有哪些特点？

答：（1）采用电石渣取代石灰石作脱硫剂，可实现以废治废，符合资源减量化、产物循环利用的发展模式。一方面有效地避免了电石渣对环境的污染；另一方面为烟气脱硫解决了脱硫剂的问题，避免石灰石矿等有限资源的开采、消耗。

（2）由于电石渣的活性远远高于石灰石，在吸收塔内的反应速率也远远高于石灰石，使得结晶（形成的石膏晶体颗粒度较小）和氧化控制相对较难；造成石膏含量低、不易脱水以及吸收塔易结垢等问题。

（3）电石渣浆液中有硅、铁、铝、镁、硫、磷的氧化物或氢化物的物质；未完全反应的焦炭和碳粒残留在电石中，最终积累在电石渣浆液中。电石渣浆液中含有的这些杂质会造成系统管路的堵塞和设备的故障；电石渣浆液中的碳粒、SiO_2等物质具有较强的磨蚀性，对管道和设备磨损极大，在酸性条件下更为严重，大大缩短泵、管道的使用寿命。

（4）电石渣价格低，相比石灰石运行成本低。

第四节 设备维护管理

1. 脱硫系统检修一般分为哪4个等级？具体的定义是什么？

答：（1）A级检修。是指对脱硫装置进行全面的解体检查和修理，以保持、恢复或提高设备性能。

（2）B级检修。是指对脱硫装置某些设备存在的问题，对部分设备进行解体检查和修理。B级检修可根据设备各状态评估结果，有针对性地实施部分A级检修项目或定期滚动检修项目。

（3）C级检修。是指根据设备的磨损、老化规律，有重点地对脱硫装置进行检查、评估、修理、清扫。C级检修可进行少量零部件的更换、设备的消缺、调整预防性试验等作业，以及实施部分B级检修项目或定期滚动检修项目。

（4）D级检修。是指当脱硫装置总体运行状况良好，而对不影响脱硫装置正常运行的附属系统和设备进行消缺。D级检修除进行附属系统和设备的消缺外，还可根据设备状态的评估结果，安排部分C级检修项目。

2. 脱硫系统等级检修中的H点和W点分别指的是什么？

答：质检点（H点、W点）是指在检修工序管理过程中，根据某道工序的重要性和难易程度设置的关键工序控制点，这些控制点不经质量检查签证不得转入下道工序。其中，H点为停工待检点，W点为见证点。

3. 电气设备预防性试验指的是什么？

答：为了发现运行中设备的隐患，避免事故发生或设备损坏，对电气设备进行的检查、试验或监测，也包括取油样或气体进行的试验。

4. 设备等级检修后验收一般包括哪些内容？

答：（1）实行点检定修制的企业，按照检修作业指导书上的要求执行。

（2）工作结束后必须做到“工完、料净、场地清”。

（3）设备检修后的整体验收、启动应按照电力行业和国家安监机构相关规程执行。

（4）A、B级检修检修完毕，热态运行1个月后，进行热态考核试验，以检验检修效果。

（5）检修完毕后，应对检修资料包括影像、图片、检修记录等进行归档。

（6）各专业人员应对检修情况进行总结、汇报。

5. 什么是脱硫系统的 A 级检修？

答：脱硫系统的A级检修是对脱硫系统进行全面的解体检查和修理，以保持、恢复或提高设备性能。

6. 什么是脱硫系统的 B 级检修？

答：脱硫系统的B级检修是指对脱硫系统某些设备存在的问题，对脱硫系统部分设备进行解体检查和修理。B级检修可根据设备状态评估结果，有针对性地实施部分A级检修项目或定期滚动检修项目。

7. 什么是脱硫系统的 C 级检修？

答：脱硫系统的C级检修是指根据设备的磨损、腐蚀、老化规律，有重点地对脱硫装置进行检查、评估、修理、清扫。C级检修可进行少量零部件的更换、设备的消缺、调整、预防性试验等作业以及实施部分A、B级检修项目或定期滚动检修项目。

8. 吸收塔及烟道 A 级检修项目一般包括哪些？

答：（1）吸收塔底部清理、浆液循环泵入口滤网清理、出入口管道衬里检查修复。

（2）吸收塔塔壁所有一次门检查更换。

（3）吸收塔内壁、底部衬里、塔内氧化风系统、吸收塔湍流装置各部位损坏及堵塞情况检查修复。

（4）事故喷淋及入口烟道干湿界面检查清理。

（5）除雾器检查冲洗，修复更换断裂的冲洗水管及喷嘴，喷嘴进行雾化试验。

（6）喷淋母管及支管检查，对有缺陷的部位进行修复，更换损坏的喷嘴。

（7）烟道清灰，烟道内壁防腐层、烟道膨胀节、烟道外保温、塔内所有支吊架检查修补。

（8）对脱硫烟道原烟气挡板、净烟气挡板进行全面检查，对挡板开关的灵活性、严密性进行检查，根据情况进行修复。

9. 浆液循环泵的A级检修项目一般包括哪些？

答：（1）解体浆液循环泵，检查修理联轴器螺栓、弹簧片、轴套、机械密封、泵壳、叶轮、吸入端盖、耐磨板。

（2）进出口衬胶管道、膨胀节清扫检查，进口滤网冲洗。

（3）检查机械密封、轴承等零部件，更换机械密封。

（4）各部间隙测量、检查泵轴（包括轴弯曲、晃度测量）。

（5）检查叶轮磨损情况，根据磨损情况更换。

（6）泵与电动机中心校正。

（7）对浆液循环泵入口蝶阀进行全面检查，检查开关的灵活性、严密性，根据情况进行修复或更换。

10. 罗茨氧化风机A级检修项目一般包括哪些？

答：（1）检查联轴器，复查中心。

（2）检查齿轮箱，更换润滑油。

（3）检查入口滤网、出口消音器、膨胀节。

（4）检修冷却器，进行水压试验。

（5）检修进、出口阀，安全阀检验。

（6）检修转子，调整各部间隙。

11. 高速离心氧化风机A级检修项目一般包括哪些？

答：（1）检查风机基础、地脚螺栓、复查联轴器中心。

（2）检查润滑油站，清理油过滤器、油冷却器。

（3）更换润滑油。

（4）检查、更换入口滤网。

（5）检查集流器进口导叶。

（6）检修增速箱。

（7）检修叶轮、轴，对叶轮根部进行着色渗透检查。

（8）测量调整叶轮与集流器间隙。

12. 湿式球磨机 A 级检修项目一般包括哪些？

答：（1）球磨机筒体，进、出口端部内衬检查、更换。

（2）球磨机进、出口导管，出口滚筒滤网，入口下料管及入口密封检查、更换。

（3）端盖螺栓及筒壁，进、出口轴瓦及冷却水系统检查。

（4）检查大齿轮、小齿轮齿面磨损情况及是否有裂纹。

（5）减速机内部检查及更换润滑油。

（6）钢球填充率、配比检查及钢球补充。

（7）球磨机油站系统检查换油或滤油。

13. 真空皮带脱水机 A 级检修项目一般包括哪些？

答：（1）检修减速机。

（2）检查修理滤布、脱水皮带及裙边，调整刮刀、张紧装置，必要时更换。

（3）检查各部滚筒、托辊及轴承。

（4）检查密封水系统、润滑水系统、滤饼冲洗系统和滤布冲洗系统。

（5）检查、修理纠偏装置及皮带导向装置，必要时更换。

（6）检查修复真空盒、摩擦带，更换真空软管。

（7）清理石膏浆液入口分配箱。

（8）检查清理滤液分离器及其附件。

14. 圆盘真空脱水机 A 级检修项目一般包括哪些？

答：（1）检修反冲洗系统。

（2）检查更换滤板。

（3）检查更换圆盘主轴滚筒与滤板连接橡胶软管。

（4）检查分配头及密封片，必要时更换。

（5）检查超声波清洗装置。

（6）检查搅拌器减速机、关节轴承。

（7）检查主轴减速机、传动链条，必要时更换。

（8）检查气液分离器内部防腐。

（9）更换真空管、反吹管、酸洗管道。

（10）检查清理浆池。

（11）检查更换刮刀，调整刮刀与滤板间距。

15. 联轴器找中心的步骤有哪些？

答：（1）先用塞尺片检查台板与电动机地脚支撑面的自然接触情况，若有悬空部位，应用垫片垫实。

（2）地脚螺栓暂不拧紧，若原来没有垫片或垫片已混乱时，可根据目测先加适量垫片，然后用调整螺栓使电动机前、后、左、右移动，使联轴器初步对正，并注意联轴器间隙应符合质量标准。

（3）将两个半联轴器上的回装标记对正，然后在任意对称位置上装上2条联轴器销钉。

（4）在机械部分的联轴器上安装表卡固定百分表，这样移动电动机时与表的指示正负一致。

（5）将表盘零位对准表的百分针，先找电动机左右的轴向及径向偏差，用调整螺栓使电动机移动，禁止用大锤振电动机地脚，以免损伤破裂。

（6）左右轴向和径向偏差调整好后，应紧固电动机地脚螺栓，紧固时要对角均匀紧牢，同时要左、右盘车，监视表的指针有无变化，变化大时应及时修正。

（7）电动机地脚螺栓紧牢后，将表盘指针恢复零位，盘车一周，分别测出上、下、左、右4个位置上的轴向及径向偏差值。

16. 浆液循环泵常见故障有哪些？

答：（1）减速机异音。

（2）轴承箱温度过高。

（3）泵异音。

（4）减速箱漏油。

（5）运行电流大幅波动、下降或上升。

（6）机械密封漏浆。

（7）泵、电动机振动大。

17. 浆液循环泵减速机发出异音有何原因？如何处理？

答：原因：齿轮损坏、轴承间隙过大、轴承损坏。

处理方法：检查齿轮部分组件，必要时更换；调整轴承间隙；更换损坏的轴承组件。

18. 浆液循环泵轴承箱温度高有何原因？如何处理？

答：原因：泵轴与电动机轴不同心、轴承润滑油变质、轴承损坏。

处理方法：调整同心度，更换润滑油，更换轴承。

19. 浆液循环泵泵体有异音有何原因？如何处理？

答：原因：轴承损坏，泵轴与电动机轴不同心，叶轮严重腐蚀、磨蚀不平衡，泵轴弯曲。

处理方法：更换新轴承，调整同心度，更换或修复叶轮，更换轴或校直轴。

20. 浆液循环泵减速箱漏油有何原因？如何处理？

答：原因：油封老化损坏，密封O形圈损坏。

处理方法：更换油封，更换O形圈。

21. 造成湿式球磨机发生轴瓦融化或烧伤的原因有哪些？

答：（1）润滑油中断或供油量太少。

（2）润滑油污染或黏度不合格。

（3）油槽歪斜或损坏，油流不进轴颈或轴瓦；油环不转动，带不上油。

（4）轴承冷却水堵塞或水温过高。

22. 湿式球磨机发生轴瓦融化或烧伤如何处理？

答：（1）检修润滑油系统，增加供油量。

（2）清洗轴承和润滑装置，更换润滑油。

（3）检修油槽、油环，刮研轴颈和轴瓦间隙。

（4）增加冷却水量或降低冷却水温度。

23. 湿式球磨机发生传动轴及轴承座连接螺栓断裂的原因有哪些？

答：（1）传动轴的联轴器安装不正确，偏差过大。

（2）传动轴负荷过大。

（3）传动轴的强度不够或材质不佳。

（4）大小齿轮啮合不良，特别是齿面磨损严重，振动剧烈。

（5）轴承安装不正或其连接螺栓松动（或过紧）。

（6）振动偏大，长时间运行导致金属疲劳断裂。

24. 湿式球磨机发生传动轴及轴承座连接螺栓断裂如何处理?

答：（1）重新将联轴器安装调整好。

（2）预防过载发生。

（3）更换质量好的传动轴。

（4）正确安装齿轮，当齿轮磨损到一定程度时应及时修理或更换。

（5）将轴承安装调正，更换螺栓，拧紧程度合适。

（6）及时查找振动偏大的原因，消除隐患或定期停运检查相关设备。

25. 湿式球磨机发生齿轮或轴承振动及噪声过大的原因有哪些?

答：（1）齿轮磨损严重。

（2）齿轮啮合不良，大齿圈跳动。

（3）齿轮加工精度不符合要求。

（4）轴承轴瓦磨损严重。

（5）轴承座连接螺栓松动。

26. 湿式球磨机出现齿轮或轴承振动及噪声过大如何处理?

答：（1）修理、调整或更换齿轮。

（2）修理、研配轴承轴瓦。

（3）调整轴承。

（4）紧固所有螺栓连接。

27. 直流系统蓄电池更换应注意的事项有哪些?

答：（1）对双组蓄电池的直流电源，在做好直流负荷转移后，方可进行电池更换。

（2）对单组蓄电池的直流电源，在接入替代电池后，方可进行电池更换。

（3）电池更换时，应确保直流电源已关机、电池已断开。

（4）对电池系统进行作业时应使用绝缘工具。

（5）进行极间连接时要特别注意防止短路。

（6）更换电池后需要对电池进行充放电试验。

28. DCS出现“操作员站或服务器死机”故障的原因一般有哪些？

答：（1）当节点连到DCS的通信网络上时，通常需有网络接口，数据传输方式一般有广播方式和询问方式。数据传输过程中若某个节点向网上的其他节点问询数据，但其他节点没有这个数据，它就反复进行问询，直至读取到这个数据，如果网络上根本没有这个数据，就会造成网络堵塞。

（2）DCS组态作业不规范。因技术改造等导致组态未及时更新，DPU读取大量无效数据时造成DPU负荷率过高，网络堵塞；硬件升级后，驱动程序不匹配，引发DCS网络通信堵塞；历史数据站CPU负荷率和内存使用过高，数据传输频繁时将导致网络堵塞，从而使得各种人机界面的节点出现死机现象。

29. 预防DCS出现“操作员站或服务器死机”的措施有哪些？

答：（1）利用网络测试仪，定期对DCS主系统及与主系统连接的所有相关系统（包括专用装置）的通信负荷率进行在线测试，确认在机组出现异常工况、高负荷运行及DPU或通信总线产生冗余切换的同时出现负荷扰动时，网络负荷率控制在行业规定范围内。

（2）利用机组检修时间逐个复位DCS系统的DPU和操作员站及数据站；删除DPU组态中的无效I/O点，对组态进行优化；对DCS的模件、机柜、滤网等进行清扫。

（3）定期检查系统风扇是否工作正常，风道有无阻塞；检查各通信线路连接是否牢固，通信接口是否正常；定期对各通信模件、端子进行试验，保证通信模件的正常工作；做好机组运行中的设备维护和巡视，检查通信状态，防止通信故障。

（4）DCS电子间的环境温度信号引入DCS中，并设置异常报警。

30. 工业热电阻的校准项目有哪些？

答：（1）热电阻的校准。只测定0℃和100℃时的电阻值R_0、R_{100}，并计算电阻比W_{100}（$=R_{100}/R_0$）。

（2）保护管可以拆卸的热电阻应放置在玻璃试管中，试管内径应与感温元件直径或宽度相适应。管口用脱脂棉或木塞塞紧后，插入介质中，插入深度不少于300mm。不可拆卸的热电阻可直接插入介质中进行检定。

（3）校准热电阻时，通过热电阻的电流应不大于1mA。测定时可用电位差计，也可用电桥。

31. 抗振式压力表压力测量值波动，压力下降的原因（仪表本身原因）有哪些?

答：（1）机座本身有砂眼，经长期使用后逐渐产生渗漏。

（2）长期经受脉冲压力作用，弹簧管产生疲劳或两端密封部位有渗漏。

（3）长期受到被测介质的腐蚀作用，弹簧管引起泄漏。

（4）由于弹簧管质量问题，有明显裂纹或破裂。

（5）选用规格不当，被测压力接近表的测量上限，长期的压力作用使弹簧管产生疲劳而破裂。

32. 电极的校准项目与技术标准都有哪些?

答：对于精密级的pH计，除了设有“定位”和“温度补偿”调节外，还设有电极“斜率”调节，它需要用两种标准缓冲液进行校准。一般先以pH=6.86或pH=7.00进行“定位”校准，然后根据测试溶液的酸碱情况，选用pH=4.00（酸性）或pH=9.18和pH=10.01（碱性）缓冲溶液进行斜率校正。

（1）电极洗净并甩干，浸入pH=6.86或pH=7.00标准溶液中，仪器温度补偿旋钮置于溶液温度处。待示值稳定后，调节定位旋钮使仪器示值为标准溶液的pH值。

（2）取出电极洗净甩干，浸入第二种标准溶液中。待示值稳定后，调节仪器斜率旋钮，使仪器示值为第二种标准溶液的pH值。

（3）取出电极洗净并甩干，再浸入pH=6.86或pH=7.00缓冲溶液中。如果误差超过0.02，则重复第1、2步骤，直至在第二种标准溶液中不需要调节旋钮都能显示正确pH值。

（4）取出电极并甩干，将pH温度补偿旋钮调节至样品溶液温度，将电极浸入样品溶液，晃动后静止放置，显示稳定后读数。

33. 脱硫现场质量流量计的校准项目与技术标准有哪些?

答：（1）零点误差。介质不流动时，流量计显示值应为零，误差应小于±0.3%FS。

（2）量程示值误差。各校验点示值的基本误差、回程误差应不大于±0.5%。

（3）模拟输出误差。各点示值应与4~20mA输出电流信号相对应，其误差应不大于±0.5%。

（4）零点误差的校准。关闭流量计前（或后）的阀门使介质停止流动，流量计显示值应为零，误差均应小于±0.3%FS。模拟输出电流应为4mA，误差应小于±0.08mA。

（5）模拟量输出误差的校准。将过程信号校验仪置于4~20mA挡位，接入模拟输出回路，在进行量程校准的同时，以$I=4+16\times q/Q$（注：I——输出标准直流电流，范围为4~20mA；q——当前流量标准值；Q——流量最大值）计算并记录与各点示值相对应的4~20mA输出电流信号。

34. 模拟量输出信号（AO）精度测试的方法及标准有哪些？

答：（1）通过操作员站（或工程师站、手操器），分别按量程的0%、25%、50%、75%、100%设置各点的输出值，在对应模件的输出端子，用标准测试仪测量并读取输出信号示值，与输出的标准计算值进行比较。

（2）记录各点的测试数据，计算测量误差。应满足如下的精度要求。

1）电流（mA）基本误差满足“±0.25”。回程误差不大于0.125%。

2）电压（V）基本误差满足“±0.25”。回程误差不大于0.125%。

3）脉冲（Hz）基本误差满足“±0.25”。回程误差不大于0.125%。

35. 开关量输出（DO）信号正确性测试的方法是什么？

答：（1）通过操作员站（工程师站或手操器）分别设置0和1的输出给定值，在相应模件输出端子上测量其通/断状况，同时观察开关量输出指示灯的状态。

（2）记录各点的测试状态变化，应正确、无误。

36. DCS 系统运行当中，应定期做哪些检查和试验工作？

答：（1）操作员站，通信接口，主控制器状态，通信网络工作状态，系统切换状况，电源主、备用工作状态应正常。

（2）历史数据存储设备应处于激活状态（或默认缺省状态），光盘或硬盘等应有足够的余量，否则及时予以更换。

（3）定期用专门的光驱清洁盘对光驱进行清洗，保持光驱的清洁，定期清扫机柜滤网和通风口，保持清洁，通风无阻。

（4）定期检查并记录各机柜内的各路输入、输出电源电压，若发现偏低应查明原因及时处理。

（5）检查各散热风扇应运转正常，若发现散热风扇有异音或停转，应查明原因，及时处理。

（6）检查各操作员站、工程师站和服务站硬盘应有足够的空余空间，定期进行控制系统检修、基本性能与功能的测试，定期对电源模件进行检测，更换模件电池。

（7）定期进行口令更换并妥善保管，定期进行计算机控制系统组态和软件、数据库的备份。

（8）模件更换投运前，应对模件的设置和组态进行检查。

37. 电动机干燥应注意的事项有哪些?

答：（1）进行干燥时为避免不必要的热损失，应用石棉布或绷布将电动机盖好，为达到持续通风，在电动机覆盖物的最高处与最低处应留通风孔。

（2）进行干燥时，绕组的最高温度，按照电阻法不得超过90℃，按照温度计，不得超过70℃，开放冷却电动机的出口空气温度，最高不得超过60℃，用外部加热法进行干燥时，距热源近的地方，用温度表测温，最高允许90℃。

（3）进行电动机干燥时，需在绕组、铁芯的几个部位进行测温，测温表应和电动机各部位接触良好，测温头应用油泥封于测温部位上，使其与空气隔绝。

（4）干燥时要逐渐加热升温，容量在50kW及以上的电动机，一般应3～4h达60℃，7～8h达70℃（测温仪测量），对于小容量的电动机温度升高所需要的时间较短。达到允许的最高温度后，应将温度保持平衡，直到干燥结束。

（5）在整个干燥过程中，应测定绕组的绝缘电阻，并测量铁芯与绕组的温度，在温度尚未稳定前，至少每30min记录一次，在温度稳定后，则每隔1~2h记录一次，干燥开始前，应测量绝缘电阻，然后在记录温度的同时，再测量绝缘电阻，采用电流干燥时，测量绝缘电阻应将干燥电动机所用的电源断开，按要求记录温度与绝缘电阻、定子电流的大小。

（6）干燥初期绝缘电阻下降，之后绝缘电阻下降停止，再逐渐升高，最后直至绝缘趋于稳定不变，并要保持3h以上可认为干燥完毕。

38. 电动执行器不动作的原因有哪些？

答：（1）信号中断。

（2）电动机温度控制器动作或损坏。

（3）过力矩保护动作或误动作。

（4）电路板损坏。

（5）阀门卡涩。

（6）电动机及电容损坏。

39. 电动执行器不动作的处理方法有哪些？

答：（1）如果电路板上的断信号指示灯亮，说明输入信号缺失，应排查信号输入回路。

（2）如果监视画面上的执行器位置反馈突然归零，应首先到现场轻触电动机。如果已经很烫，说明温控器已动作。此时应切断电源，等电动机充分冷却后，解决电动机过热问题。如果电动机温度正常，但电路板明显处于失电状态，应找到温控器的两引出线端子，用万用表量一下它们的对地交流电压，如果有一个没有220V，说明温控器损坏，应更换温控器。

（3）如果电路板上的过力矩指示灯亮，说明过力矩已动作，应首先检查负载力矩是否真的很大。如果负载力矩正常，说明是误动作，应检查相关环节、微动开关是否损坏，机械传动部分是否有螺栓脱落等。另外，还应检查过力矩动作点调整的是否合适。

（4）如果电路板故障，应更换电路板。

（5）电动机因机械或电气问题不转。在电容完好的前提下，可解下电动机的入线端子，直接引入供电母线电压进行检测。如果损坏，应做适当的检修或者更换。

40. 质量流量计的日常维护内容有哪些？

答：（1）检查仪表指示、运行状态是否正常，累计值是否相符。

（2）检查流量计表体及连接件是否有损坏和腐蚀。

（3）检查流量计线路有无损坏及腐蚀。

（4）检查流量计与管道连接有无泄漏。

（5）检查仪表电气接线盒及元件盒密封是否良好。

（6）发现问题及时处理，并做好相应记录。

41. 低压直流系统蓄电池放电的步骤是什么？

答：（1）先将蓄电池与直流系统断开，再将与直流系统断开的蓄电池充足电。

（2）放电之前先测量一遍电池电压，并关掉充电设备，静置15min后，再测量蓄电池开路电压。

（3）将蓄电池与充电装置断开，然后接到蓄电池放电仪，调整电流达到10h率的放电电流进行放电。

（4）放电过程中，每隔1h记录一次蓄电池的放电电流、单体电池电压、总电压，以及蓄电池的温度和环境温度。在临近放电终期时，要缩短记录时间，防止过放电。

（5）蓄电池放电终止的电压与放电电流的关系：即按110（10h率）的放电电流，放电终止的电压是1.80V。

（6）当蓄电池按110（10h率）的放电电流不间断放电10h后，说明已达放电要求容量，虽然电压未达到放电终止的电压，也应停止放电。

（7）当蓄电池在放电过程中出现单体电池达到放电终止的电压1.80V时，虽未放出要求容量，也应停止放电，并查找分析原因。

42. 自动调节系统由哪两部分组成？组成自动调节系统最常见的基本环节有哪些？

答：自动调节系统由调节对象和自动装置两部分组成。组成自动调节系统常见的基本环节有一阶惯性环节、比例环节、积分环节、微分环节和迟延环节。

43. 什么是前馈调节？

答：前馈调节是按照扰动的变化量进行调节的系统。

44. 前馈调节与反馈调节有什么区别？

答：（1）前馈调节的测量参数是可能引起被调量变化的过程量，而反馈调节的测量参数是被调节变量本身。

（2）前馈调节能在扰动产生的瞬间就发出调节信号，而反馈调节要等干扰量影响到被调量时才发出调节信号，因此前馈调节更及时。

（3）前馈调节是不考虑调节效果的，而反馈调节是考虑调节效果的。

45. 热工保护反事故措施中的技术管理包括哪些内容？

答：（1）健全必要的图纸资料，为了能够正确地掌握保护情况，在工作时有所依据，杜绝误接线事故，应具备符合实际情况的设备布置图、原理接线、端子排出线图和各种检修试验记录等。

（2）对原保护系统进行修改时，必须事先作好图纸或在原图上修改，并经领导批准。

（3）现场仪表设备的标示牌、铭牌应正确齐全。

（4）进行现场检修作业时，必须持有工作票。工作票应有详细的安全措施。

（5）认真做好保护切除和投入的申请记录工作。

（6）加强对职工的技术培训，经常开展技术问答和技术交流活动。

（7）必须认真贯彻事故调查规程和评价规程，对所有热工保护的不正确动作，应当及时分析，找出原因，提出措施并认真处理。

46. 电厂 SIS 系统的概念及作用分别是什么？

答：厂级实时监控信息系统（Supervisory Information System，SIS）属于厂级生产过程自动化范畴，是实现电厂管理信息系统与各种分散控制系统之间数据交换的桥梁。厂级实时监控信息系统以分散控制系统为基础，以经济运行和提高发电企业整体效益为目的，采用先进、适用、有效的专业计算方法，实现整个电厂范围内信息共享，厂级生产过程的实时信息监控和调度，同时也提高了机组运行的可靠性。

第五节　安全管理

1. 生产现场设备安装事故按钮的使用原则是什么？

答：（1）危及人身安全的人身事故（如触电或机械伤人）。

（2）电动机及所带机械损坏至危险程度。

（3）电动机及其附属设备冒烟起火，并有短路现象。

（4）强烈的振动、串轴或内部发出冲撞声，电动机转子与定子摩擦冒火。

（5）受环境影响、漏汽、漏水，使电动机运行受到严重威胁。

2. 防止电气误操作（五防）的具体内容是什么？

答：（1）防止带负荷拉、合隔离开关。

（2）防止误分、合断路器。

（3）防止带电装设接地线或合接地开关。

（4）防止带接地线或接地开关，合隔离开关或断路器。

（5）防止误入带电间隔。

3. 直流系统运行操作有哪些规定？

答：（1）电压规定：

1）220V直流母线电压应经常保持在220V电压应有的范围内。

2）蓄电池应经常处于浮充电状态，端电压通常应在2.23V（单体）。

（2）温度规定：

1）正常状况下，蓄电池温度应在15～25℃之间。最高不得超过30℃，最低不得低于10℃。

2）均充电时，蓄电池电解液温度不得超过35～45℃；否则，应降低充电电压或停止充电。

3）蓄电池室温度应保持在15～25℃为宜。冬季当室温下降至15℃时，应启动采暖装置；20℃时停运。夏季当室温超过25℃时，应开启通风机降温。

（3）直流系统的绝缘电阻应大于0.5MΩ。

4. 分散控制系统配置的基本要求有哪些？

答：（1）DCS系统配置应能满足机组任何工况下的监控要求（包括紧急故障处理），CPU负荷率应控制在设计指标之内并留有适当裕度。

（2）分散控制系统的控制器、系统电源、为I/O模件供电的直流电源、通信网络等均应采用完全独立的冗余配置，且具备无扰切换功能。

（3）分散控制系统的控制器针对重要功能应遵循独立性配置原则。

（4）重要参数测点、参与机组或设备保护的测点应冗余配置，冗余I/O测点应分配在不同模件上。

（5）分散控制系统电源应设计有可靠的后备手段。

（6）DCS的系统接地必须严格遵守技术要求，所有进入DCS系统控制信号的电缆必须采用质量合格的屏蔽电缆，且有良好的单端接地。

5. 以手车式断路器为例，描述电气设备开关有哪几种状态？

答：设备的电气开关状态有5种，分别是运行状态、热备用状态、冷备用状态、检修状态、试验状态。

（1）运行状态。手车在工作位置，开关合上，保护装置启用。

（2）热备用状态。手车在工作位置，开关断开，保护装置启用。

（3）冷备用状态。手车在试验位置，开关断开，保护装置停用。

（4）检修状态。手车在检修位置，开关断开，开关操作回路和合闸回路电源开关断开，按检修工作票要求布置好安全措施。

（5）试验状态。手车在试验位置，开关操作回路和合闸回路电源开关送电，开关在试验位置进行分、合试验。

6. 脱硫系统防寒防冻措施有哪些？

答：（1）脱硫系统各室内暖气设备投入，室内温度保持5℃以上。

（2）确保脱硫区域各室内门、窗关闭严密。

（3）脱硫系统正常运行时，确保各运行设备和备用设备的轴封水或冷却水处于流动状态。

（4）室外测量仪表及其管线应敷设完整的保温。

（5）脱硫设备停运后，管道、设备中的液体应通过排空点放空，若无法排出，必要时对设备和管道进行解体排放，防止冻坏设备。

（6）脱硫系统所有伴热带必须正常投入运行。

（7）压缩空气储气罐每小时疏水一次，如有较多水疏出，应缩短疏水间隔，以防压缩空气带水。

（8）加强设备定期切换和定期试验，确保设备稳定运行。

7. 脱硫系统事故喷淋水源选择有哪些要求？

答：事故喷淋系统的水源一路选择除雾器冲洗水泵供水，为了保证系统的可靠性，除雾器冲洗水泵电源最好取自保安段；另一路选择电厂消防水，防止因工艺水箱液位不能满足喷淋需要，采用比较稳定的消防水。

8. 脱硫系统事故喷淋设置有哪些要求？

答：事故喷淋管道处宜设置一路压缩空气作为气源，对喷嘴进行定期吹扫，防止堵塞。事故喷淋电动阀门电源采用双电源设置或采用保安段供电。

9. 脱硫系统事故喷淋使用时的注意事项有哪些？

答：事故喷淋投运后，必须联锁启动备用除雾器冲洗水泵，保证足够水量；开启除雾器最下层冲洗水电动门，保证足够的喷洒覆盖面积，防止因事故喷淋喷嘴堵塞，造成热烟气进入吸收塔，损坏吸收塔内设备；定期开展事故喷淋试验，确保喷淋后烟气温度能降至70℃以下。

10. 石灰石供浆系统存在哪些风险？

答：（1）石灰石浆液箱的唯一性对系统的持续稳定供浆造成严重威胁。石灰石浆液箱内壁的防腐层易磨损，造成防腐层脱落。浆液泄漏无法维持运行时，必须先将石灰石浆液箱解列退出运行并清空冲洗，再进行检修。

（2）吸收塔供浆管道的唯一性对系统的持续稳定供浆造成严重威胁。吸收塔供浆管道均为单管道设计，当出现管道堵塞、漏点时，均需要一段时间处理，影响脱硫系统安全稳定地运行。

11. 怎样保证石灰石供浆系统的稳定性？

答：（1）设置备用石灰石浆液箱；事故浆液箱与石灰石浆液箱进浆管道连接，事故浆液箱作为浆液箱使用；石灰石浆液箱进浆管道安装三通，一路通至滤液池，滤液池作为临时石灰石浆液箱使用。

（2）设置备用供浆管道，定期切换使用。

12. 石灰石粉仓料位低，通过哪些措施确保吸收塔出口二氧化硫浓度达标排放？

答：（1）汇报值长，调整入炉煤硫分，降低吸收塔入口二氧化硫浓度。

（2）在保证污染物达标的前提下将石灰石供浆流量调至最小。

（3）增启一台浆液循环泵，减少供浆量。

（4）若吸收塔浆液密度较低，应停运石膏脱水系统。

（5）及时向吸收塔地坑添加脱硫增效剂或者向吸收塔地坑添加氢氧化钙。

（6）通过运行调整，若吸收塔出口二氧化硫浓度依然有超标风险时，及时汇报值长降低机组负荷。

（7）确保石灰石粉供应及时，保证石灰石粉储备充足。

13. 工艺（业）水补水中断，采取哪些措施确保脱硫系统安全运行？

答：（1）停止对吸收塔除雾器冲洗（可短时不冲洗）。

（2）关闭现场所有备用设备冷却水。

（3）在保证设备正常运行时，将增压风机润滑油站、液压油站、浆液循环泵等设备的冷却水关至最小。

（4）停运脱水系统、废水处理系统。

（5）关闭现场地面冲洗用水。

（6）当石灰石浆液箱液位短时间能够满足需要时，停运制浆系统。

（7）汇报值长，开启消防水对工艺水箱进行补水。

（8）及时查明中断原因，若短时间内不能恢复，做好停机准备。

14. 脱硫系统哪些操作属于重大操作项目？

答：可能影响脱硫系统母线失电、环保超标事件、浆液溢流污染事件等相关操作，如母线倒闸、脱硫系统启动和停运、UPS停送电、变压器停送电等相关操作都属于重大操作项目。

15. 脱硫系统重大操作项目注意事项有哪些？

答：在进行操作前应做好相关风险预控，相关重要操作应该汇报值长和管理人员，熟悉设备联锁情况，一些重要设备进行试验前汇报管理人员同意后，切除保护进行试验。操作时严格按照操作票上的操作步骤执行，在操作时管理人员必须监护，发现异常及时处理，防止事故扩大。

16. 防止电气误操作事故措施有哪些？

答：（1）严格执行操作监护制度，操作前必须进行模拟操作，操作中应认真核对设备名称、编号。

（2）严格执行《电气操作录音制度》，监护人发令、操作人复诵均应大声、清晰，操作规范、正确。

（3）操作票由操作人用计算机生成或填写，按监护人、主值、值长的顺序逐级审核、签字。

（4）操作票的填写顺序必须符合电磁闭锁的要求，操作中电磁闭锁装置确有问题的，应向值长汇报，经值长同意后，方可解锁操作，严禁擅自解锁操作。

（5）高压设备的停、送电操作，必须使用操作票（卡），不得无票操作（事故处理除外）。

（6）在设备检修做整组试验或开关拉、合试验时，应在相邻开关操作把手上挂“禁止操作”警告牌，防止检修人员误拉、合运行设备开关。

（7）加强电磁闭锁装置的运行维护，此项工作应列入常规的检修项目中，确保电磁闭锁装置工作正常。

（8）电磁闭锁装置的解锁钥匙应由电气运行人员统一保管，检修人员不得私自保留解锁钥匙（工具）。

（9）电磁闭锁装置不能随意退出运行，短时停用电磁闭锁防误装置，应经值长同意；停用电磁闭锁装置，需经总工程师批准。

（10）电磁闭锁回路中，应直接用开关或隔离开关的辅助触点，不允许采用重动继电器来增加触点供闭锁回路用。

（11）在操作开关或隔离开关时，必须以现场开关或隔离开关的实际状态为准。

（12）全厂电磁闭锁装置的电源整流装置故障后，应尽快修复，电磁闭锁装置的电源不得长期使用蓄电池供电。

（13）现场应配备充足的经试验合格的安全工器具，使用验电器前，一定要先在带电设备上验电，确认验电器工作正常，防止带电误合接地开关和人身触电事故的发生。

（14）加强对现场操作执行“操作监护制”的检查，重大操作进行操作评价，对操作中出现的不规范行为进行批评，加大对违章操作的考核力度。

17. 脱硫系统电源为确保系统可靠运行应如何布置？

答：（1）浆液循环泵电源由母线A、B段分开布置，不允许电源取自同一段母线供电。

（2）吸收塔搅拌器电源一半布置在脱硫PC段母线，一半布置在本机组脱硫保安段母线，即使脱硫PC段母线失电，仍不影响吸收塔系统正常运行。

（3）两台机组共用两台工艺水泵（冷却水泵）时，电源分别取自两个脱硫保安段。

（4）脱硫UPS系统交流工作电源宜采用两路电源，分别取自脱硫PC段、保安段。

（5）事故喷淋系统电源应取自脱硫保安段。

18. 为降低电动机启动风险，电动机启动次数有何规定？

答：（1）正常情况下，鼠笼式电动机的启动次数应遵照制造厂规定执行，无规定时，一般允许在冷态下启动两次，且每次间隔不少于5min；允许在热态下启动一次，不论是冷态还是热态，电动机启动失败后，均应查找原因，以确定是否进行下一次启动。

（2）事故情况下（为避免停机，限制负荷或对主设备造成危害），电动机的启动次数不分冷热态，均可连续启动两次。

（3）正常情况下，直流电动机的启动次数不宜频繁，启动时间间隔不小于10min。

（4）大容量电动机的启动间隔不得小于0.5 ~ 1h，启动电动机应逐台进行，一般不允许在同一母线上同时启动两台以上的电动机，电动机启动时，应防止带负荷运行，以减少电动机启动电流及时间。

（5）电动机（包括直流电动机）进行动平衡试验时，启动时间间隔为：

1）200kW以下电动机，时间间隔为0.5h。

2）200~500kW电动机，时间间隔为1h。

3）500kW以上电动机，时间间隔为2h。

19. 在哪种情况下，应测量电动机的绝缘电阻值？

答：（1）新投运或检修后的电动机送电前。

（2）电动机进水、明显受潮。

（3）备用电动机每15天测量一次绝缘电阻值。

（4）停电时间超过7天的电动机需要送电时。

（5）运行中跳闸的电动机。

（6）装有加热器的高压电动机，在电动机不运行时，加热器应投入。备用中的电动机如果加热器投入正常，可一个月测量一次绝缘电阻，且应与设备的定期倒换试验工作配合进行。

20. 脱硫吸收塔动火作业必须具备哪些条件？

答：（1）对于进入吸收塔内动火作业的，严格按照受限空间相关规定，加强准入管理、安全监督管理。

（2）对于吸收塔外壁及管道的动火作业，做好应对措施和应急预案，防止因塔壁外动火引燃吸收塔内设备。

（3）进入吸收塔前，必须打开人孔门进行通风，检测有毒气体浓度降低到允许值以下才能进入。

（4）工作负责人应检查相应区域内的消防水系统、除雾器冲洗水系统在备用状态。

（5）动火期间，作业区域、吸收塔底部各设置一名专职监护人。

（6）施工现场必须放置足够数量的灭火器。

（7）对于在除雾器上方空间动火的，最好用铁皮等阻燃性的材料覆盖在除雾器表面，以免除雾器发生火情。

21. 防止脱硫系统着火事故的重点要求是什么？

答：（1）脱硫防腐工程用的原材料应按生产厂家提供的储存、保管、运输特殊技术要求，入库储存分类存放，配备灭火器等消防设备，设置严禁动火标志，在其附近5m范围内严禁动火；存放地应采用防爆型电气装置，照明灯具应选用低压防爆型。

（2）脱硫原、净烟道，吸收塔、石灰石浆液箱、事故浆液箱、滤液箱、衬胶管、防腐管道（沟）、集水箱区域或系统等动火作业时，必须严格执行动火工作票制度，办理动火工作票。

（3）脱硫防腐施工、检修时，检查人员进入现场除按规定着装外，不得穿带有铁钉的鞋子，以防止产生静电，引起挥发性气体爆炸。

（4）脱硫防腐施工、检修作业区，现场应配备足量的灭火器；防腐施工面积在$10m^2$以上时，防腐现场应接引消防水带，并保证消防水随时可用。

（5）脱硫防腐施工、检修作业区5m范围设置安全警示牌并布置警戒线，警示牌应挂在显著位置，由专人现场监督，未经允许不得进入作业场地。

（6）吸收塔和烟道内部防腐施工时，至少应留2个以上出入孔，并保持通道畅通；至少应设置2台防爆型排风机进行强制通风，作业人员应戴防毒面具。

（7）脱硫设备安装或检修时，应有完整的施工方案和消防方案，施工人员须接受过专业培训，了解材料的特性，掌握消防灭火技能；施工场所的电线、电动机、配电设备符合防爆要求。

（8）应避免安装和防腐施工同时进行，严格遵守“动火不防腐，防腐不动火”的原则。

22. 脱硫系统防腐施工和检修用的临时电源有哪些规定?

答：（1）所有电气设备均应选用防爆型，安装漏电保护器，电源线必须使用软橡胶电缆，不能有接头。

（2）检修人员使用电压不超过12V防爆灯，灯具距离内部防腐涂层及除雾器在1.0m以上。

（3）电焊机接地线应设置在防腐区域外并禁止接在防腐设备及管道上。

（4）临时电源在检修结束后，应立即拆除。

23. 什么是有限空间?

答：有限空间是指封闭或者部分封闭，与外界相对隔离，出入口较为狭窄，自然通风不良，易发生中毒、窒息、淹溺、灼烫伤、触电、坍塌、火灾、爆炸等事故的空间。

24. 脱硫系统哪些场所属于有限空间?

答：（1）容器类。脱硫吸收塔、事故浆液箱、地坑、工艺水箱、石灰石浆液箱等。

（2）管道类。原烟道、净烟道、浆液循环泵进出口管道。

（3）建（构）筑物类。阀门井、沟道、电缆隧道等地下设施。

（4）仓（罐）类。如球磨机本体、石灰石仓、石灰石粉仓等。

25. 有限空间作业的重点安全技术措施有哪些？

答：（1）应将与作业所在有限空间连通的管道、设备等进行可靠隔离。

（2）必须做到“先通风、再检测、后作业”。

（3）检测仪器在使用前应校验合格，必要时可进行小动物试验。

（4）对长期不通风，且可能存在有机物的有限空间，必须检测硫化氢、甲烷、一氧化碳、二氧化碳气体浓度。

（5）存在坍塌、掩埋风险时，应先测明介质储量，并采用由上至下的作业程序，严禁在下方作业。

（6）存在坍塌、掩埋、高空落物、高处坠落等风险时，工作人员应使用防坠器和全身式安全带。

（7）在有限空间内从事衬胶、涂漆、刷环氧玻璃钢等具有挥发性溶剂工作时，应打开人孔门及管道阀门，并进行强力通风；工作场所应备有泡沫灭火器和干砂等工具，严禁明火。

（8）禁止使用软梯，有火险可能的如使用木梯、竹（木）质脚手架时，必须采取可靠的防火措施。

（9）配备符合国家标准的通风、检测、照明、通信等设备和防护用品。

（10）进入金属容器、管道、舱室和特别潮湿、工作场地狭窄的非金属容器内作业，照明电压小于或等于12V。需使用电动工具或照明电压大于12V时，应按规定安装漏电保护器。

（11）作业环境存在爆炸性液体、气体、粉尘等介质时，应动态监测，浓度超标严禁作业；应使用防爆电筒或电压小于或等于12V的防爆安全行灯，作业人员应穿戴防静电服装，使用防爆工具，配备可燃气体报警仪器并设置足够的灭火器材。

（12）进行电、气焊作业时，氧气、乙炔瓶放置在有限空间外面，每次作业结束或暂停作业后，现场监护人应确认氧气、乙炔带撤出有限空间。

（13）高温作业时，应科学安排工作时间并配备相应的防暑降温药品和饮用水；必要时可采取强行机械通风的措施来降低人员中暑的可能性。

（14）作业停工期间，在有限空间的入口处设置“危险！严禁入内”警示牌或采取其他封闭措施，防止人员误入。

（15）有限空间作业时，严格执行人员、物品出入登记制度。作业结束时，要对内部进行彻底检查并清点人员、物品。

26. 在脱硫吸收塔内部进行检修工作时，应将哪些设备停电并挂上警示牌？

答：在脱硫塔内部进行检修工作前，应先办理检修工作票，将与该吸收塔相连的石灰石浆液进料管、石膏排出泵管道、事故浆液返回管、出入口烟道的阀门或挡板门关严并上锁，悬挂警示牌；电动阀门应将电源切断，并悬挂警示牌；停止该脱硫吸收塔的增压风机、浆液循环泵、氧化风机、烟气换热器（GGH）、脱硫吸收塔搅拌器等设备的运行，并将各设备电源切断，并挂上警示牌。

27. 脱硫系统有限空间内部防腐施工应符合哪些要求？

答：（1）施工前，编制有限空间防腐作业的“三措两案”并审核通过。

（2）施工区域必须采取严密的全封闭措施，设置1个出入口，在隔离防护墙四周悬挂“防腐施工，严禁烟火”等明显的警示牌。

（3）施工区域必须制定出入制度，所有人员凭证出入，交出火种，关闭随身携带的无线通信设施，不准穿钉有铁掌的鞋和容易产生静电火花的化纤服装。

（4）作业空间应保持良好的通风。设置容量足够的换气风机，确保通风良好，减少丁基胶水的挥发分子积聚。

（5）施工区域10m范围及其上下空间内严禁出现明火或火花。

（6）玻璃钢管件胶合黏结采用加热保温方法促进固化时，严禁使用明火。

（7）施工区域控制可燃物。不得敷设竹跳板。作业用的胶板和胶水禁止物料堆积。

（8）防腐作业及保养期间，禁止在其相通的吸收塔、烟道、管道，以及开启的人孔、通风孔附近进行动火作业。同时应做好防止火种从这些部位进入防腐施工区域的隔离措施。

（9）作业全程应设专职监护人，发现火情，立即灭火并停止工作。

28. 动火工作票有哪些管理规定?

答：（1）动火工作票至少一式三份。一级动火工作票一份由工作负责人收执，一份由动火执行人收执，另一份由发电单位保存在单位安监部；二级动火工作票一份由工作负责人收执，一份由动火执行人收执，另一份保存在动火部门（车间）。若动火工作与运行有关，还应增加一份交运行人员收执。

（2）动火工作票至少保存3个月。

（3）一级动火工作票的有效期为24h，二级动火工作票的有效期为120h。

29. 高压电动机检修时，应做哪些安全措施?

答：（1）断开电源断路器、隔离开关，验明确无电压后装设接地线并在隔离开关间装绝缘隔板，小车开关应从成套配电装置内拉出并关门上锁。断开开关后，应取下控制回路的操作熔断器和开关合闸熔断器。

（2）在断路器、隔离开关把手上悬挂“禁止合闸，有人工作”的警示牌。在停电检修的电动机上还应悬挂“在此工作”的标示牌。

（3）拆开后的电缆头须三相短路接地。

（4）做好防止被其带动的机械引起电动机转动的措施，并在电动阀门上悬挂“禁止操作，有人工作”的警示牌。

30. 试列出脱硫系统常用安全工器具的检验周期。

脱硫系统常用安全工器具的检验周期见表4-2。

表4-2 脱硫系统常用安全工器具的检验周期

序号	名称	检验周期（年）
1	安全帽（塑料和纸胶帽）	2.5
	安全帽（玻璃钢和橡胶帽）	3.5
2	安全带	1
3	安全绳	1
4	绝缘杆	1

续表

序号	名称	检验周期（年）
5	携带型短路接地线	5
6	电容型验电器	1
7	绝缘手套	0.5
8	绝缘靴（鞋）	0.5
9	绝缘脚垫	1
10	绝缘电阻表	0.5

31. 使用钳形电流表的测量工作有何要求？

答：（1）值班人员在高压回路上使用钳形电流表的测量工作，应由两人进行。非值班人员测量时，应办理第二种工作票。

（2）在高压回路上测量时，严禁用导线从钳形电流表另接表计测量。

（3）测量时若需拆除遮拦，应在拆除遮拦后立即进行。工作结束，应立即将遮拦恢复原位。

（4）使用钳形电流表时，应注意钳形电流表的电压等级。测量时戴绝缘手套，站在绝缘垫上，不得触及其他设备，以防短路或接地。观测表计时，要特别注意保持头部与带电部分的安全距离。

（5）测量低压熔断器和水平排列低压母线电流时，测量前应将各相熔断器和母线用绝缘材料加以包护隔离，以免引起相间短路，同时应注意不得触及其他带电部分。

（6）在测量高压电缆各相电流时，电缆头线间距离应在300mm以上，且绝缘良好，测量方可进行。当有一相接地时，严禁测量。

（7）钳形电流表应保存在干燥的室内，使用前要擦拭干净。

32. 运行倒闸操作中发生疑问应如何处理？

答：在操作过程中，无论监护人或操作人对操作发生疑问或发现异常时，应立即停止操作。不准擅自更改操作票，不准随意解除闭锁装置。

（1）如有疑问或异常并非操作票或操作中的问题，也不影响系统或其他工作的安全，经值班负责人许可后，可以继续操作。

（2）如果操作票没有差错，但可能发生其他不安全的问题时，应根据值班负责人或值班调度员的命令执行。

（3）如果操作票本身有错误，原票停止执行，应按现场实际情况重新填写操作票，经审核、模拟等程序后进行操作。

（4）如果因操作不当或错误而发生异常时，应等候值班负责人或值班调度员的命令。

第五章　脱硫系统常见问题分析

第一节　脱硫系统重大故障分析

1. 高压电源中断原因有哪些?

答：高压电源中断的原因：

（1）全厂停电。

（2）高压段母线或电缆故障。

（3）电气保护动作或人员误操作。

2. 高压电源中断如何处理?

答：（1）立即确认事故喷淋联锁开启正常，否则手动开启，同时注意水箱液位满足喷淋所需，监视吸收塔烟气温度满足要求，检查UPS系统、保安段供电正常，检查并恢复保安段设备运行。

（2）若单段高压电源中断，立即汇报值长采取降低机组负荷、启动备用浆液循环泵等控制措施，保证出口二氧化硫达标排放。查明电源中断原因，尽快恢复正常运行方式。

（3）若高压电源全部中断，立即投入事故喷淋系统及除雾器冲洗水，当吸收塔出口烟气温度超过脱硫系统烟气温度上限值时，按停炉相关规定处理。

3. 吸收塔液位异常下降有哪些原因?

答：（1）浆液循环泵入口、出口膨胀节破损泄漏。

（2）与吸收塔相连的浆液管道泄漏。

（3）吸收塔浆液池泄漏。

（4）吸收塔底部排放门误开。

4. 吸收塔液位异常下降该如何处理?

答：（1）查明吸收塔浆液池液位下降原因，隔离泄漏点，关闭误开的吸收塔底部排放门。

（2）立即向吸收塔内补水，恢复至正常液位。

（3）若因吸收塔浆液池本体大量泄漏，导致吸收塔液位无法维持时，申请机组停运。

（4）异常处理期间，严密监视吸收塔烟气温度，必要时开启事故喷淋降低烟气温度，确保脱硫系统处于安全状态。

5. 增压风机异常停运的原因有哪些？

答：（1）人员误操作或事故按钮误动。

（2）增压风机失电。

（3）轴承温度高于上限值。

（4）风机振动超过设定值。

（5）油系统异常，导致保护动作。

（6）风机电机保护动作。

6. 增压风机异常停运如何处理？

答：（1）汇报值长，降低至机组最低负荷，调整机组运行工况。

（2）立即开启增压风机导叶，稳定系统压力。

（3）确保污染物达标排放的前提下，停运部分浆液循环泵，降低吸收塔阻力。

（4）查明故障原因，及时恢复增压风机运行。

7. GGH 异常停运的原因有哪些？

答：（1）GGH失电。

（2）GGH电动机故障（如过负荷、过流保护、差动保护动作、电动机绕组温度高等）。

（3）其他机械故障。

8. GGH 异常停运的处理措施有哪些？

答：（1）若备用电动机启动成功，需监视GGH的运行情况，查明其跳闸的原因并处理，待故障消除后，迅速恢复正常方式运行。

（2）若备用电动机联启不成功，应立即设法启动备用电动机（通过手动或者启动前人工盘车方式）。

（3）若故障造成GGH短时间内无法恢复，汇报值长并确认锅炉MFT信号发出，检查事故喷淋投入正常，吸收塔烟气温度在允许范围内。

（4）查明GGH跳闸原因，并按规程要求处理故障。

9. 吸收塔浆液循环泵全停的原因有哪些?

答：（1）高压母线失电。

（2）浆液循环泵液位低保护动作造成浆液循环泵跳闸。

（3）浆液循环泵保护误动。

（4）人员误操作。

10. 发生吸收塔浆液循环泵全停如何处理?

答：（1）立即确认吸收塔事故喷淋联锁投入正常，汇报值长，降低机组负荷；若事故喷淋无法投运或投运效果不足，吸收塔出口烟气温度超过设计值，应汇报值长立即停运机组。

（2）视吸收塔内烟气温度情况，开启除雾器冲洗水，防止吸收塔内防腐及除雾器损坏。

（3）查明吸收塔浆液循环泵跳闸的原因，若属电源故障，应立即恢复电源，启动浆液循环泵运行；若因吸收塔液位低保护动作，尽快恢复至正常液位，启动浆液循环泵。

（4）若短时间内不能恢复运行，按短时停机有关规定处理。

11. 脱硫 DCS 失灵原因有哪些?

答：脱硫DCS失灵原因有：

（1）人为原因导致DCS控制软件参数、逻辑错误。

（2）DCS设备硬件故障导致操作员站死机、DPU脱网、环路通信异常等。

（3）DCS全部或局部电源失去。

12. 脱硫 DCS 失灵时，运行人员如何处理?

答：（1）当操作员站或者采用同一路电源的计算机发生黑屏时，立即汇报值长，联系人员处理，紧急情况下应立即进行强送电。

（2）当系统中发生花屏时，参考其他计算机确认是否是单个现象。如果是单个现象，应重启计算机。

（3）运行期间对于DCS的任何操作，导致出现异常，立即停止工作。

（4）当系统某个DPU发生故障导致相关画面数据停止变化，运行人员应及时判断出操作员站出现故障，立即用正常运行的操作员站进行监视和操作，减少不必要的重大操作，迅速排除故障。

（5）机组正常运行中，若全部操作员站均不能操作和监视时，汇报值长，保持当前工况运行。就地检查各设备运行正常，将开关控制方式切换至“就地”方式运行。

（6）若浆液循环泵、氧化风机、吸收塔搅拌器、石灰石浆液泵已跳闸，就地打开事故喷淋系统，确保吸收塔烟气温度在正常范围，做好停机准备。

第二节　运行常见问题分析

1. 引起脱硫系统二氧化硫超标排放的原因有哪些？

答：（1）烟气流量增大，燃煤硫分高于设计值，超出系统处理能力。

（2）运行调整不当，造成吸收塔浆液pH值过低或浆液循环量小。

（3）锅炉投油、电除尘运行效果差、石灰石浆液品质不合格、脱硫废水排放不及时、氧化空气量不足等原因，造成吸收塔浆液品质变差。

（4）CEMS故障。仪表异常、取样管漏气导致折算值超标等。

（5）浆液循环泵出力下降、喷淋喷嘴堵塞或脱落等异常，部分区域浆液覆盖不足，形成烟气走廊。

2. 发生二氧化硫浓度超标排放时如何处理？

答：（1）降低机组负荷，调整入炉煤硫分。

（2）根据运行工况，及时做出调整，控制吸收塔浆液pH值、密度、液位在正常范围。

（3）启动备用浆液循环泵，增加液气比。

（4）向吸收塔地坑投加催化剂（增效剂），提高浆液活性。

（5）加强废水排放，降低吸收塔内有害离子浓度，严重时置换吸收塔浆液，查明浆液品质变差原因，控制来源。

（6）加强石灰石品质监督，合理调整制浆系统，确保石灰石浆液合格。

（7）检查氧化风管通畅，及时清理入口滤网，提高氧化风机出力。

（8）校验、标定CEMS仪表，恢复正常运行。

（9）恢复浆液循环泵正常出力，对堵塞和脱落的浆液喷嘴进行疏通和粘接，保证浆液喷淋覆盖率足够，防止出现烟气走廊。

3. 引起浆液循环泵出力下降的原因有哪些？

答：（1）浆液循环泵入口、出口门未开到位。

（2）变频浆液循环泵频率调整不当。

（3）吸收塔液位低于浆液循环泵吸入高度。

（4）氧化风系统设计不合理，大量空气混入浆液进入浆液循环泵，出现汽蚀现象。

（5）浆液循环泵入口滤网堵塞。

（6）喷淋层喷嘴、支管、母管堵塞。

（7）浆液循环泵叶轮磨损严重。

（8）吸收塔浆液起泡严重，浆液循环泵吸入大量泡沫状浆液。

（9）浆液循环泵入口管道、法兰等不严密、空气吸入浆液循环泵，导致浆液循环泵出力下降。

4. 出现浆液循环泵出力下降后如何处理？

答：（1）确保浆液循环泵入口、出口门在全开状态。

（2）调整浆液循环泵变频在正常工作范围内。

（3）提高吸收塔液位在正常范围内。

（4）优化氧化风系统设计。

（5）停运浆液循环泵，对入口滤网进行反冲洗。

（6）机组停运后对喷淋层堵塞喷嘴进行疏通、更换。

（7）对浆液循环泵叶轮进行检查、更换。

（8）加入消泡剂，减少吸收塔起泡。

（9）紧固浆液循环泵入口管道、法兰等不严密处。

5. 浆液循环泵运行中电流大幅下降的原因是什么？

答：（1）浆液循环泵滤网堵塞。

（2）浆液循环泵叶轮磨损。

（3）浆液循环泵喷淋层母管、支管或喷淋层较大面积堵塞。

（4）吸收塔浆液密度较低。

（5）吸收塔浆液起泡严重。

（6）吸收塔液位急剧降低。

6. 浆液循环泵运行中电流大幅上升的原因是什么?

答：（1）浆液循环泵叶轮锁紧螺母松动或脱落，叶轮摩擦浆液循环泵前护板。

（2）浆液循环泵喷淋层母管或支管断裂。

（3）吸收塔浆液密度较高等。

7. 浆液循环泵运行中电流大幅波动的原因是什么?

答：（1）浆液循环泵入口与相邻浆液循环泵发生抢流，吸入浆液量不稳定。

（2）浆液循环泵入口管道或阀门密封不严或泄漏，空气进入浆液循环泵，导致电流大幅波动，同时管道和泵体发生振动。

8. 哪些原因可以导致吸收塔浆液品质恶化?

答：（1）锅炉投油，造成大量油污进入吸收塔内部。

（2）除尘效果不佳，大量烟尘进入吸收塔内部。

（3）大量油脂或者其他有机物进入吸收塔，导致吸收塔浆液的氧化效果变差，浆液中某些抑制氧化反应的物质浓度过大。

（4）石灰石品质差，大量杂质进入吸收塔内部。

（5）工艺水品质差，大量有机物、COD等进入脱硫系统内部。

（6）吸收塔浆液pH值控制偏高，不利于氧化效果。

（7）氧化空气的分布装置故障或设计不合理，氧化风量偏低，氧化过程受阻。

（8）废水排放量偏小，塔内惰性物质、重金属元素、可溶性离子等大量积累，影响浆液品质。

（9）石膏脱水系统不正常运行，吸收塔浆液长期高密度运行。

9. 从哪些方面可以预防吸收塔浆液品质恶化?

答：（1）发现吸收塔浆液发黑，及时进行浆液置换，将不合格浆液尽快排出吸收塔外。

（2）严格控制吸收塔入口烟气成分在设计范围，脱硫原烟气含尘量超出设计值时，联系除尘运行人员检查调整，减少进入脱硫系统的烟尘含量。

（3）定期化验浆液中各金属离子含量，及时进行调整，增加废水处理量。

（4）合理控制吸收塔浆液的pH值和密度值在规定范围内，加大石灰石的溶解。

（5）根据氧化风流量及压力，检查氧化风管是否堵塞，确保氧化风量充足。

（6）严格监控石灰石品质达标，制浆细度要达到要求。

（7）化验工艺水品质，如果工艺水品质恶化，尽快调整工艺水来水。

10. 吸收塔浆液起泡的原因有哪些？

答：（1）锅炉在运行过程中投油，燃烧不充分，未燃尽碳颗粒进入吸收塔，造成吸收塔浆液有机物含量增加。

（2）除尘器运行状况不佳，烟气粉尘浓度超标，含有大量惰性物质的杂质进入吸收塔后，致使吸收塔浆液重金属含量增高，引起浆液表面张力增加，使浆液起泡。

（3）石灰石中含过量MgO，与硫酸根离子反应产生大量泡沫。

（4）工艺水水质达不到设计要求，COD、BOD超标。

（5）脱水系统或废水处理系统不能正常投入，致使吸收塔浆液品质逐渐恶化。

（6）部分脱硫添加剂造成浆液起泡。

（7）废水排放量不足。

11. 如何预防吸收塔浆液起泡？

答：（1）严密监视吸收塔浆液运行情况，及时添加专用消泡剂。在吸收塔最初出现起泡溢流时，消泡剂加入量较大，在连续加入一段时间后，泡沫层逐渐变薄，减少加入量，直至稳定在一定加药量上。

（2）合理调整浆液循环泵运行，在满足排放的前提下，停运一台浆液循环泵以减小吸收塔内部浆液的扰动。

（3）适当降低吸收塔工作液位，减小浆液溢流量，防止浆液进入吸收塔入口烟道。

（4）降低吸收塔浆液密度，加大石膏排出量，保证新鲜浆液的不断补入。

（5）加大脱硫废水的排放，从而降低吸收塔浆液重金属离子、Cl^-、有机物、悬浮物及各种杂质的含量，改善吸收塔内浆液的品质。

（6）严格控制脱硫用工艺水的水质，加强过滤和预处理工作，降低COD、BOD。

（7）严格控制石灰石原料，保证其中各项组分（如MgO、SiO_2等）含量符合要求。

（8）加强吸收塔浆液、废水、石灰石浆液、石灰石粉和石膏的化学分析工作，有效监控脱硫系统运行状况，发现浆液品质恶化趋势，及时采取处理手段。

（9）起泡加剧时，可暂将吸收塔浆液导入事故浆液箱，补充新鲜浆液进行置换。

（10）根据运行工况，适当降低氧化风量。

12. 石灰石粉配浆导致浆液密度异常原因有哪些？

答：（1）石灰石旋转给料机堵塞，粉仓内石灰石粉搭桥，粉仓进料系统故障。

（2）石灰石密度控制故障，测量仪器故障。

（3）石灰石浆液箱进水失控。

13. 石灰石粉配浆发生浆液密度异常时如何处理？

答：（1）清理给料机，增加粉仓进料量，检查石灰石粉仓流化风机及相应的流化风管道。

（2）对石灰石密度计进行必要的检查，检查校验测量仪器。

（3）检查相应的石灰石浆液箱进水管线及阀门，处理内漏阀门。

14. 吸收塔浆液中导致石灰石发生闭塞的原因有哪些？

答：（1）吸收塔浆液中含有高浓度的氯离子及镁离子。

（2）吸收塔浆液中含有高浓度的氟化铝络合物或溶解亚硫酸盐，氟化铝络合物一般来自烟气中，亚硫酸盐则是由于不完全氧化引起的。

（3）除尘效率低，大量的粉尘进入吸收塔，粉尘包裹在石灰石颗粒表面，造成石灰石封闭。

（4）高负荷、高硫分的运行工况下，吸收塔长期大流量供浆，导致塔内石灰石富集，造成碳酸钙溶解时间短，发生闭塞现象。

15. 如何预防石灰石闭塞现象发生？

答：（1）提高氧化风机出力，增加氧化风量，降低塔内亚硫酸含量。

（2）严密监视进入吸收塔烟尘量，较高时，及时调整电除尘除尘效率。

（3）选择低铝离子的石灰石和煤种。

（4）杜绝长时间大流量供浆。

（5）维持吸收塔浆液密度在低密度运行。

（6）吸收塔pH值出现大量供浆无变化或下降时，添加氢氧化钠、乙二酸等增强化学性能的添加剂。

（7）若出现石灰石抑制和闭塞的现象严重时，可采取置换浆液的方式，尽快消除异常现象。

16. 脱硫系统供浆中断时，确保二氧化硫达标排放的措施有哪些?

答：（1）投运备用浆液循环泵，保证出口SO_2排放达标。

（2）联系相关人员紧急处理供浆中断异常事故，尽快恢复正常供浆方式。

（3）汇报值长，调整入炉煤硫分，降低吸收塔入口二氧化硫浓度，做好机组降负荷准备。

（4）若系统允许，可采取石灰石浆液箱浆液导致吸收塔地坑，通过地坑泵打入吸收塔。

（5）将石灰石浆液导入事故浆液箱或采用事故浆液箱作为临时配浆罐，通过事故浆液泵向吸收塔供浆。

（6）向吸收塔地坑加氢氧化钙，专用催化剂（增效剂），通过地坑泵打至吸收塔。

（7）若出现排放SO_2超标，汇报值长，立即降负荷直至排放SO_2达标。

（8）若SO_2排放小时均值无法恢复达标排放时，汇报值长，申请机组停运。

17. 罗茨氧化风机振动大的原因有哪些？

答：（1）风机的地脚螺栓或紧固螺栓有松动现象。

（2）管道的支撑系统不合适或管道有共振现象。

（3）风机过负荷运行。

（4）联轴器的中心线不对中。

（5）轴承有损伤及磨损现象。

18. 罗茨氧化风机振动大的处理方法有哪些？

答：（1）氧化风机停运后，检查并拧紧风机的地脚螺栓或紧固螺栓。

（2）对氧化风机的管道支撑系统进行检查、加固。

（3）保证风机的入口、出口侧通气正常。

（4）检查调整联轴器的中心度及联轴器间的间隙。

（5）对氧化风机轴承及联轴器进行检查，发现异常，及时进行更换。

19. 罗茨氧化风机出力不足有哪些原因？

答：（1）进口侧的滤清器或滤网被灰尘等杂物堵塞，吸入口阻力大。

（2）风机的连接法兰或出口侧管道有泄漏现象。

（3）密封面有异物引起安全阀泄漏。

（4）安全阀限压弹簧过松，引起安全阀动作。

（5）风机内部转子间隙过大。

20. 罗茨氧化风机出力不足的处理方法有哪些？

答：（1）清理滤清器或滤网。

（2）检查并更换连接法兰的垫片，处理泄漏部位。

（3）重新设定安全阀动作压力。

（4）调整风机内部各组件的间隙。

21. 如何预防氧化风管堵塞?

答：（1）定期对氧化风管进行冲洗。

（2）氧化风机停运后，及时投运备用氧化风机运行。

（3）确保氧化风减温水投入正常，减温水水质良好。

（4）确保足够的氧化风量，避免末端氧化风支管风量不足造成浆液倒灌。

（5）脱硫系统停运后，尽可能将吸收塔液位降至氧化风管网以下，防止浆液沉淀造成风管堵塞。

22. 吸收塔浆液中氯离子含量高对脱硫系统的影响有哪些？

答：（1）能引起金属的孔蚀、缝隙腐蚀、应力腐蚀及选择性腐蚀。

（2）抑制吸收塔内物理化学反应过程，改变吸收塔浆液的pH值，影响SO_2的吸收传质过程，降低SO_2的去除率。

（3）脱硫剂的消耗量随氯化物浓度的增高而增大，同时抑制吸收剂的溶解。

（4）氯化物会引起石膏脱水困难，引起石膏中剩余的脱硫剂量增大，导致成品石膏中含水量增大，影响石膏的综合利用。

（5）氯离子含量过高，会加重对设备及管道的腐蚀，造成浆液循环泵叶轮磨损加重，影响设备出力。

（6）氯化物含量较高时，吸收塔浆液中不参加反应的惰性物质增加，吸收浆液密度增大，浆液循环系统电耗增加。

23. 降低吸收塔浆液中氯离子措施有哪些？

答：（1）提高入炉煤的品质，减少脱硫入口烟气中氯含量。

（2）加强工艺水化验，降低工艺水中氯含量。

（3）加强石灰石品质监督，防止氯化物过高。

（4）合理使用滤液水，缩短滤液循环时间。

（5）根据石膏品质要求，适当减少石膏冲洗水量。

（6）及时投运废水处理系统，加大废水排放量。

24. 进入脱硫系统烟尘含量超标有哪些应对措施？

答：进入脱硫系统的烟尘含量超标，会造成浆液中飞灰富集；烟尘中的Al^{3+}与HF形成络合物，封闭吸收剂，严重时造成浆液中毒。

烟尘含量超标时采取措施如下：

（1）除尘运行进行调整，增大处理能力，减少进入脱硫系统粉尘量。

（2）汇报值长，申请进行煤质及锅炉运行调整。

（3）投入脱水系统和废水处理系统，降低浆液密度，减少吸收塔浆液内粉尘含量。

（4）烟尘超标造成吸收塔浆液颜色发灰，加大废水排放量。

（5）若浆液品质恶化，必要时进行浆液置换，确保吸收塔浆液品质合格。

25. 吸收塔入口烟气温度高对脱硫系统有哪些影响？

答：（1）锅炉烟气温度高，同等条件下在电除尘电场中的比电阻大，除尘效率相对较低，烟气中含灰量增加，造成吸收塔浆液品质变差。

（2）降低吸收塔内设备使用寿命。烟气温度超过除雾器最高承受温度时，造成除雾器损坏，影响除雾效果。

（3）烟气温度较高，造成吸收塔内液面SO_2平衡分压上升，不利于气液传质，导致SO_2脱除率下降。

（4）吸收塔内水蒸发加快，净烟气含湿度增大，系统水耗增加。

26. 脱硫系统中造成浆液管道堵塞的原因有哪些？

答：（1）系统设计不合理，设计浆液流速过低、浓度过大，管路及箱罐的冲洗和排空系统不完善等。

（2）浆液中有异物（如脱落的衬胶、鳞片）造成管路堵塞。

（3）泵的出力严重下降，流经管道的流体缓慢，造成管道堵塞。

（4）阀门内漏，泄漏浆液沉淀在管道中造成堵塞。

（5）系统停运后，未及时排空管道中剩余的浆液并对管道及系统进行水冲洗。

（6）管内结垢造成通流截面变小。

27. 吸收塔浆液“中毒”有哪些现象？

答：（1）石灰石浆液满流量持续供浆的情况下，吸收塔浆液pH值呈下降趋势或无明显上升趋势。

（2）吸收塔出口二氧化硫浓度呈上升趋势；吸收塔浆液密度居高不下。

（3）浆液中亚硫酸钙、碳酸钙、酸不溶物含量升高。

（4）石膏脱水效果变差等现象。

28. 引起吸收塔浆液“中毒”的原因有哪些?

答：（1）烟气中HF浓度偏高。烟气中HF浓度较高形成F^-，与石灰石中及烟气飞灰中的Al^{3+}形成氟铝络合物，这种络合物会包裹石灰石表面，阻止石灰石的溶解，形成反应封闭，导致浆液“中毒”。

（2）浆液中飞灰富集。煤中飞灰含量高，超过除尘器除尘能力、除尘效率下降，引起进入烟气脱硫系统中烟尘偏高，烟气中飞灰的Al^{3+}与HF形成络合物，封闭吸收剂，造成浆液“中毒”。

（3）锅炉频繁燃油导致油污进入吸收塔。燃油中的油烟、碳核、沥青等物质在吸收塔内富集超过一定程度后使石灰石闭塞和石膏结晶受阻，导致吸收剂失效、浆液“中毒”。

（4）吸收塔内离子浓度富集。正常情况下吸收塔内离子应控制在一定浓度，如Ca^{2+}及SO_4^{2-}浓度过高会导致大量的晶核形成，同时会附着在其他物质或设备表面，造成设备结垢，在石灰石表面析出会影响石灰石的反应速度；同时离子浓度富集会形成“共离子效应”，抑制石灰石颗粒的溶解及其他化学反应过程，影响各种反应物质的传质过程，导致浆液“中毒”。

29. 吸收塔浆液“中毒”后应采取哪些处理措施?

答：（1）浆液置换。将吸收塔浆液导致事故浆液箱，加入工艺水和新鲜石灰石浆液，降低塔内飞灰及离子浓度，改善塔内化学反应过程。

（2）加入强碱。当氟铝络合物闭塞吸收剂时，加入强碱调整pH值到8，氟铝络合物会溶解，闭塞的石灰石会重新恢复活性，一般使用石灰作为添加碱，如果使用其他强碱会生成可溶性物质，导致塔内离子富集，影响系统内化学反应过程。

（3）降低pH值，减少烟气量。当吸收塔内SO_3^{2-}浓度过高，会形成$CaSO_3$絮状沉淀闭塞石灰石，引起除雾器的堵塞，恶化系统，由于$CaSO_3$溶解度随着pH值的下降而快速升高，降低pH值，可以加速$CaSO_3$的溶解，促进SO_3^{2-}的氧化，在降低pH值的过程中减少进入系统的总硫量。

（4）加强废水排放。降低吸收塔内富集的离子浓度。

30. 造成吸收塔溢流的原因有哪些?

答：由于吸收塔液位测量大多根据压力变送器测得的压力与吸收

塔内浆液密度计算得到的，加上吸收塔底部浆液循环泵运行时对浆液池扰动、吸收塔搅拌器对浆液搅拌、氧化空气鼓入造成浆液扰动以及由于浆液泡沫引起的虚假液位等因素引起液位波动，从而导致吸收塔出现溢流现象。溢流的原因如下：

（1）浆液起泡造成的溢流。

（2）与吸收塔相连的冲洗水管道阀门内漏造成液位过高，如浆液循环泵及石膏排出泵等设备冲洗水门，除雾器冲洗水门内漏。

（3）吸收塔溢流管未设置排气口或排气口堵塞产生虹吸。

（4）氧化风量过大。

（5）运行调整不当。除雾器冲洗频次过多、制浆密度过低、液位控制过高、设备频繁启停冲洗水量大等造成溢流。

（6）大量雨水、清洁用水等原未设计考虑的水进入系统。

31. 吸收塔发生溢流时如何处理？

答：（1）起泡造成的溢流应立即加入脱硫消泡剂，分析起泡原因，尽快消除起泡现象。

（2）停止除雾器冲洗及其他吸收塔补水操作，减少进入吸收塔水量。

（3）将吸收塔浆液排至事故浆液箱，尽快降低吸收塔液位。

（4）吸收塔溢流管设置排气口或疏通堵塞的排气口。

（5）调整氧化风量。

（6）对内漏的冲洗水阀门进行处理。

（7）调整运行方式，提高制浆密度，减少设备启停，降低吸收塔控制液位。

（8）合理分配雨水，严控清洁用水。

32. 简述石膏雨产生的原因。

答：（1）烟气流速过高。机组高负荷运行时，烟气流量大，流速较快。高流速烟气带动下冷凝水夹带少量的灰尘、石膏等固体直接通过烟囱排放入大气，在重力作用下形成石膏雨现象。

（2）净烟气温度低。烟气中大量的水分析出形成冷凝液，将黏附在烟道上的灰尘及微颗粒石膏浆液带入净烟气，通过烟囱排放到大气中。

（3）除雾器堵塞。烟气可流通面积减少，通过除雾器的烟气流速增加，使除雾器失效，造成净烟气水滴夹带量超标，大量石膏浆液被携带到净烟气中。

（4）除雾器除雾效果差。未除尽的液滴带入净烟气中。

（5）吸收塔液位过高。吸收塔液位维持过高，影响除雾器冲洗频率，影响除雾器运行效果，间接导致石膏雨的发生。

（6）吸收塔浆液高pH值运行。pH值较高时，$CaSO_3$的溶解度较低，易形成亚硫酸盐的软垢，被烟气携带生成“石膏雨”。

（7）吸收塔浆液密度高。石膏浆液会被高速烟气携带进入烟囱。

（8）除尘效率低，造成大量粉尘随烟气进入吸收塔，吸收塔洗涤烟尘效率低，部分粉尘被烟气带入烟囱，生成“石膏雨”。

（9）天气静稳条件下，不利于扩散，环境温度低，容易形成液滴，雾滴颗粒凝结概率增大。

33. 预防产生石膏雨的措施有哪些？

答：（1）采用净烟气加热的方式抬高净烟温度。

（2）采用高效除雾器代替普通平板式除雾器，提高除雾性能。

（3）定期冲洗除雾器，确保除雾器压差在正常范围。

（4）对除雾器冲洗水压力进行优化调整，防止烟气二次带水。

（5）在规定范围内，维持吸收塔浆液低密度、低pH值、低液位运行。

（6）在运行期间，尽量减少上层浆液循环泵运行时间。

（7）除雾器堵塞严重时对除雾器进行在线或离线高压水冲洗，解决除雾器结垢问题。

（8）利用停机检修机会，恢复塌陷的除雾器模块、断裂的除雾器冲洗水管道，疏通堵塞的冲洗水喷嘴，排查除雾器冲洗各个阀门内漏情况，全面消除除雾器阀门内漏以免影响冲洗效果。

（9）在脱硫基建或改造期间优化设计，采用先进的高效除雾器，提高下级除雾器与最上层浆液循环泵喷淋层的距离，防止上层浆液循环泵运行时，大量浆液进入除雾器。

（10）提高除尘效率，控制进入吸收塔的粉尘含量。

（11）机组高负荷运行期间，减少最上层除雾器冲洗次数。

34. 吸收塔浆液中的酸不溶物增多有哪些影响？

答：吸收塔浆液中的酸不溶物主要来自石灰石和烟尘中的飞灰，

其成分主要是SiO_2和飞灰中未被完全燃烧的碳及其化合物。影响有：

（1）影响浆液品质。酸不溶物在吸收塔内不断富集，它会覆盖在石灰石颗粒的表面，减少颗粒与液相的接触面积，从而使石灰石的活性严重降低，影响脱硫反应持续进行。

（2）影响石膏脱水。细小的飞灰将使后续的石膏脱水困难，降低石膏品质。

（3）系统磨损增加。加剧吸收塔搅拌器、叶轮等设备磨损。

（4）系统结垢。酸不溶物沉积在吸收塔底部，与石膏形成硬垢。

35. 如何控制吸收塔浆液中酸不溶物含量?

答：（1）保证石灰石的品质，减少石灰石中杂质含量。

（2）提高除尘器效率，降低吸收塔入口烟尘含量。

（3）调整废水旋流器的旋流效果及增大废水的排放量。

36. 吸收塔浆液中亚硫酸钙含量过高的原因有哪些？

答：（1）油类或其他有机物被带入系统。

（2）氧化空气管道堵塞，氧化空气量不够。

（3）搅拌系统故障，导致氧化空气分布不均。

（4）烟气含尘量超标，抑制吸收塔内反应进行。

（5）石灰石品质较差或细度不符合要求。

（6）吸收塔浆液液位低，使氧化空气在浆液中的停留时间短。

（7）吸收塔浆液pH值控制高于正常范围，氧化反应速率过慢。

37. 控制吸收塔浆液中亚硫酸钙含量的方法有哪些?

答：为保证吸收塔浆液正常反应，应控制亚硫酸钙含量在0.5%以下，调整方法为：

（1）防止对氧化反应起抑制作用的有机物带入系统。

（2）定期维护氧化空气系统，检查氧化风管是否堵塞，及时疏通；检查氧化风机入口滤网，定期清理；根据运行工况，调整氧化风风量。

（3）针对喷枪式布置方式，检查吸收塔搅拌器运行情况，避免长时间停运；针对管网式布置方式，机组停运时，必须检查风管堵塞情况，及时疏通。

（4）控制烟尘含量，防止烟气中过细的烟尘颗粒影响氧化反应的正常进行。

（5）提高石灰石品质，调整石灰石浆液细度在合格范围内。

（6）控制吸收塔液位在正常范围内，确保有足够的氧化空间。

（7）pH值在4.5时氧化速率最快，当吸收塔内亚硫酸钙含量高时，在保证污染物达标排放时，适当降低吸收塔浆液pH值。

38. 除雾器结垢堵塞的原因有哪些?

答：（1）入炉煤质差、灰分高，进入脱硫系统的烟气粉尘含量高，进入除雾器后，若得不到及时的冲洗会在除雾器上结垢。

（2）除雾器冲洗水喷嘴数量不够，冲洗角度不符合要求，造成冲洗效果差。

（3）冲洗水量和压力不足。

（4）除雾器冲洗的周期设置不合理，未全面有效或未按照规定间隔时间进行冲洗。

（5）除雾器叶片变形导致叶片间距不均匀，部分区域流通面积减小，发生堵塞现象。

（6）吸收塔浆液氧化不充分，亚硫酸钙粘在除雾器上不易被冲洗干净，最终造成堵塞。

（7）pH值控制过高，吸收塔浆液中含有过剩的$CaCO_3$，当部分浆液随着烟气通过除雾器时，液滴被捕集在除雾器叶片上，如果未及时冲洗，液滴会继续吸收烟气中残留的SO_2，生成亚硫酸钙和硫酸钙，在除雾器叶片上结垢。

（8）制作安装误差，导致除雾器叶片间距不均匀，间距较小处易发生固体堆积、堵塞板间流道。

39. 预防除雾器结垢堵塞的措施有哪些?

答：（1）监视除雾器差压。当除雾器叶片上结垢严重时系统压力降会明显提高，因此对压力降进行监视，可以把握系统的运行状态，及时进行调整。

（2）调整氧化风量。氧化风量不足时，吸收塔内的亚硫酸钙会转化为亚硫酸盐。当吸收塔内液滴随烟气进入除雾器时，除雾器冲洗水无法将黏在叶片上含有亚硫酸钙的浆液冲洗干净。在高温烟气的作用下，含有亚硫酸钙浆液会很快干燥板结，堵塞除雾器。

（3）定期进行除雾器冲洗。除雾器冲洗的效果直接决定了除雾器的堵塞情况，应根据运行工况及除雾器压差调整冲洗周期。

（4）保证冲洗水流量、压力正常，检查除雾器冲洗水管道无开裂、漏水，喷头无堵塞现象。

（5）pH值的调整。随着吸收塔浆液pH值的升高，石灰石和亚硫酸钙的溶解受到抑制，溶解度大大降低，浆液中碳酸钙和亚硫酸钙含量迅速增加，烟气中液滴携带的未完全反应的石灰石和亚硫酸钙含量将增加，从而加剧除雾器结垢、堵塞。

（6）优化除雾器设计及安装。喷嘴与除雾器叶片间距离合适，保证冲洗覆盖率，避免除雾器冲洗期间存在死角；选择合适的除雾器叶片间距，在满足除雾效果的前提下间距较大，不易发生堵塞。

（7）控制冲洗水质量，冲洗水杂质较多易堵塞除雾器。

（8）脱硫系统停运时对除雾器进行彻底检查，遇到问题及时处理。

40. 石膏旋流器分离效果差的原因有哪些?

答：（1）石膏旋流器进口压力太低或太高。

（2）旋流器结垢，旋流子堵塞或破裂。

（3）沉沙嘴磨损严重。

（4）石膏浆液品质差。

（5）石膏旋流器选型不合理或石膏旋流器本身存在设备缺陷，旋流分离性能不足。

41. 石膏旋流器分离效果差时如何处理?

答：（1）立即查明原因并作相应处理，若为浆液品质问题，则应对运行方式、参数进行调整或对原料进行检查。

（2）对旋流子进行调整并检查，必要时进行切换并处理。

（3）石膏旋流器结垢影响运行，冲洗旋流器及管道，冲洗无效时需拆开清理。

（4）调整石膏旋流站进口压力在正常范围内。

（5）更换磨损的沉沙嘴。

（6）选择合适的、质量有保证的石膏旋流器。

42. 真空皮带脱水机皮带跑偏的原因有哪些?

答：（1）主动滚筒中心与皮带中心不垂直。

（2）托辊支架与皮带不垂直。

（3）从动滚筒中心与皮带中心不垂直。

（4）主动或从动滚筒及托辊表面黏有石膏。

（5）皮带接头不正。

（6）主动滚筒与从动滚筒中心不平行。

43. 真空皮带脱水机皮带跑偏的处理方法有哪些?

答：（1）移动轴承位置，调整中心。

（2）调整支架与皮带垂直。

（3）调整从动滚筒中心。

（4）清理滚筒及托辊表面物料。

（5）检查皮带接头，进行调整。

（6）检查石膏旋流站底流浆液下落位置，改造落料管或加装挡板，使浆液落到皮带中心。

（7）调整滚筒中心使主动滚筒与从动滚筒中心平行。

44. 石灰石粒径过大对湿式球磨机的影响有哪些？

答：进入湿式球磨机的石灰石粒径通常小于20mm。石灰石粒径过大，在球磨机筒体内研磨过程中，使得研磨体的冲击和研磨作用较难适应，会造成球磨机筒体内衬板磨损严重；石灰石颗粒研磨不充分，导致浆液品质不合格；球磨机出料端圆筒筛吐石子严重，影响球磨机出力，能耗增大。

45. 石灰石浆液密度过高过低对系统有何影响?

答：石灰石浆液密度过高，易造成石灰石浆液泵及管道磨损、堵塞，加剧石灰石浆液箱搅拌器和衬胶磨损。

石灰石浆液密度过低，同等工况下吸收塔供浆量过大，大量浆液进入吸收塔，造成吸收塔液位难以维持。

因此，石灰石浆液密度一般控制在为1200~1250kg/m^3。

46. 石灰石中的主要杂质对脱硫系统的影响?

答：（1）二氧化硅。SiO_2含量高会导致研磨系统设备能耗增加，系统磨损严重，运行成本增加。

（2）其他酸惰性物质。降低石灰石反应活性，降低石膏纯度。

（3）可溶性铝盐。Al^{3+}和浆液中的F^-形成AlF_x络合物，浓度达到一定程度时抑制石灰石的溶解速度，引发石灰石封闭。

（4）镁盐。由于$MgCO_3$活性高于$CaCO_3$会优先参与反应，对SO_2吸收反应的进行是有利的，但是过多时会导致浆液中生成大量的可溶性的$MgSO_3$，会使浆液中的SO_3^{2-}浓度增加，导致SO_2吸收化学反应推动力降低。另外，浆液中的SO_4^{2-}增加，会抑制氧化反应的进行，降低吸收反应速率；镁离子过多时会引起浆液起泡、脱水效果差。

（5）泥土。湿式球磨机运行成本增大，浆液品质降低，受潮后造成湿式球磨机下料口堵塞。

（6）石灰石中有机物、矿物成分进入吸收塔内富集，当吸收塔内浆液中有机物达到一定浓度时，破坏了吸收塔浆液表面张力，引起浆液起泡。

47. 湿磨制浆系统可采取哪些措施达到额定出力？

答：（1）应保证进入球磨机的石灰石粒径在设计最大粒径以下。粒径过大的石灰石颗粒不易被钢球击碎，导致出力下降。

（2）根据湿式球磨机运行电流，定期补加钢球，保持最佳钢球装载量。钢球太少，会影响湿式球磨机出力；钢球太多，不能被筒体有效提起，增加电耗，影响出力。

（3）疏通堵塞的旋流器。发现石灰石浆液旋流站旋流器堵塞，应及时进行切换，并对堵塞旋流器进行疏通。

（4）根据实际运行情况，选择合适的旋流器沉沙嘴口径。

（5）密切关注石灰石成分化验报告，Fe_2O_3、SiO_2等矿物质含量增大会增加钢球的磨损量，影响湿式球磨机出力，也会影响到石灰石浆液品质。

（6）调整最佳料水比。

（7）调整石灰石旋流器运行压力在正常范围内。

48. 单台吸收塔搅拌器跳闸的处理方法有哪些？

答：（1）在跳闸搅拌器检修期间，定期打开搅拌器冲洗水，并对搅拌器进行盘动，避免浆液沉积，造成搅拌器无法启动。

（2）加强石膏脱水，降低吸收塔浆液密度。

（3）密切注意吸收塔浆液循环泵运行电流，做好振动测量。

（4）尽可能维持较多浆液循环泵运行，避免浆液沉积。

（5）尽快查明跳闸原因并作相应处理，再次启动前应先用工艺水冲洗，盘车后再启动搅拌器。

49. 脱硫废水处理水质不达标原因有哪些？

答：（1）脱硫废水处理系统来水流量不稳定。当大流量废水进入到处理系统后，设计的加药量、排泥量均不能满足要求，流量偏大缩短了废水在系统停留反应的时间，影响废水处理效果。

（2）脱硫废水处理系统来水含固率高。由于旋流器运行效果差导致含固率过高，系统原加药量不能满足当前含固率下废水处理效果。

（3）各药剂加入量不足。加药管道结垢、加药泵流量不足直接影响废水处理效果。

（4）污泥排放问题。压滤机出力偏小或未及时投运压滤机降低泥位时，澄清浓缩池中污泥不能及时排放，泥位升高，影响出水水质。

（5）其他设备问题。三联箱搅拌器搅拌效果差；三联箱上部溢流口通流面积小，积结沉淀物；废水停留反应时间短；澄清浓缩池溢流堰不平整等原因影响出水水质。

（6）运行定期工作不到位。污泥排放、三联箱排污等定期工作未按规定开展或开展无效，导致脱硫废水系统无法正常运行。

50. 脱硫废水处理水质不达标如何处理？

答：（1）调整进入废水处理系统水量，保持小流量连续排放。

（2）控制废水含固率，调整旋流器运行效果，降低废水含固率。

（3）保证各药剂加药量满足要求，冲洗或更换直径较大的加药管道，更换大流量加药泵。

（4）增加污泥排放频次，降低澄清浓缩池泥位。

（5）对相关设备进行改造。更换搅拌效果更好的搅拌器，调整三联箱溢流口流通面积，增大三联箱容积延长废水停留时间，重新对澄清浓缩池溢流堰进行找平。

（6）加强运行管理。根据废水运行状况合理调整加药量、排污泥量。

51. 废水处理系统压滤机滤布挂泥的主要原因有哪些？

答：废水处理系统压滤机滤布挂泥的主要原因有：

（1）压滤机停运后未充分冲洗，导致滤布脏污。

（2）絮凝剂、助凝剂的加药量不足或配比不合理，污泥脱水性能差。

（3）压滤机进泥量及进泥时间不足，没有进行充分的压滤。

（4）进泥速度过快，快速且大量的进泥造成压滤机的中心管堵塞，使压滤机尾端的滤室不能进满污泥，造成尾端滤布挂泥。

52. 发现废水处理系统压滤机滤布挂泥的现象如何处理？

答：（1）对滤布进行彻底冲洗，更换疏水性能差的滤布。

（2）调整絮凝剂及助凝剂的加药量，提高污泥脱水性能。

（3）调整压滤机进泥量，保证有充分的压滤过程，并检查各出水嘴排水均匀。

53. 脱硫废水 COD 不合格的原因有哪些？

答：（1）脱硫废水含有机物、连二硫酸盐、亚硫酸盐等提供高COD的还原性物质，部分脱硫废水系统未设计脱除COD的装置。

（2）脱硫废水处理装置中曝气池和清水箱曝气不完全、不均匀。

（3）脱硫工艺水中COD含量超标。

（4）烟气、工艺水中等携带的有机物含量较高，曝气装置难以去除。

（5）氧化剂添加量不足。

54. 脱硫废水处理后悬浮物超标的原因有哪些？

答：（1）脱硫废水排放量大，澄清池容积小，造成停留时间短，不能满足沉降时间，引起部分悬浮物在澄清池上部随出水进入清水池，导致出水悬浮物超标。

（2）澄清池排泥不及时，造成澄清池中泥量过大，污泥上浮随出水进入清水池，导致出水悬浮物超标。

（3）加药量配比不合理，导致废水中悬浮物未得到絮凝和凝聚，短时间内不容易沉积，导致出水悬浮物超标。

（4）脱硫废水水源含固量超标，如废水旋流器故障或真空皮带脱水机滤布破损导致气液分离罐底流含固量偏高。

（5）澄清池内部斜板格栅堵塞或塌陷，导致澄清池内废水悬浮物未充分沉淀。

55. 脱硝系统氨逃逸量大时，对脱硫系统的影响有哪些？

答：（1）造成原烟气二氧化硫浓度下降，净烟气二氧化硫浓度波动。

（2）氨逃逸大时，会与烟气中的SO_3、水蒸气反应生产亚硫酸氢铵、硫酸氢铵，与烟气中的粉煤灰混合后黏附在电除尘极板极线上，造成电除尘二次电流偏低，电场收尘效果差，造成大量细灰进入脱硫吸收塔。

（3）吸收塔浆液中氨离子含量过多时，造成浆液品质变差，影响SO_2吸收，脱硫系统出力下降。

（4）会造成石膏浆液黏度增大，部分石膏浆液黏在旋流器内壁上，造成石膏旋流效果变差，进一步影响石膏脱水。

（5）副产品石膏中含有氨离子，气味较大，改变石膏部分特性，影响石膏综合利用。

（6）氨逃逸过大会造成脱硫废水中含有氨离子，增加废水处理难度。

（7）净烟气含有部分氨离子进入CEMS取样管线后，生成硫酸氢氨结晶体，影响数据的测量。

56. 电厂高浓度盐水进入脱硫系统后产生哪些影响？

答：（1）影响脱硫效率。高盐水的存在会影响溶液的离子强度，由于同离子效应，高盐水中一些离子的存在会影响石灰石的溶解；会增加溶液的黏度，使液膜中离子扩散变慢，液膜中较高浓度的亚硫酸根提高了SO_2平衡分压，阻碍吸收的推动力，抑制吸收速率。

（2）影响石膏品质。钠离子、氯离子和镁离子等的存在会降低石膏的脱水反应活化能，同时影响合成石膏的抗压强度等，且氯离子会在一定程度上降低石膏的纯度。

（3）造成吸收塔浆液起泡溢流。脱硫浆液的离子强度会直接影响水表面张力，引起吸收塔浆液起泡溢流，严重时会造成脱硫塔故障甚至停运。

（4）加剧腐蚀和结垢。阴离子（Cl^-、F^-、SO_4^{2-}、SO_3^{2-}）浓度的增大都将导致设备腐蚀的加剧，易于促成结垢的生成。

57. 脱硫废水经过三联箱处理后出现颜色发红的原因有哪些？

答：（1）铁盐添加过多。由于聚合硫酸铁或聚合氯化铁含有

Fe^{3+}，而Fe^{3+}溶液呈红色，当铁盐投加过量时，未沉淀的Fe^{3+}导致废水呈现红色。

（2）絮凝剂、助凝剂配比不合理。一般情况下絮凝剂和助凝剂在一定配比下才能实现对废水的混凝作用，当配比不合理时，尤其是铁盐絮凝剂过多会造成废水混凝效果差，多余的、未絮凝沉淀的Fe^{3+}会导致废水呈现红色。

（3）中和箱pH偏低。pH值的高低会影响废水的混凝效果，当pH值较低时会导致铁盐未完全混凝沉淀，Fe^{3+}会导致废水呈现红色。

当出现这种情况时，应及时加大废水化验频率，检查调整药剂投加量，进行现场絮凝试验，确定药剂最佳配比。

58. 试分析石膏化验报告中，碳酸钙含量过高的原因。

答：当SO_2吸收系统的运行工况未发生大的变化，石膏化验报告中$CaCO_3$含量高于3%，但是吸收塔浆液中可溶性亚硫酸盐浓度不高时，原因有：

（1）石灰石品质差，惰性石灰石含量过多，石灰石活性低。

（2）石灰石反应不充分，吸收塔浆液停留时间短，造成未反应的石灰石进入石膏中。

（3）石灰石磨制过程出现了异常，石灰石浆液细度不合格。

当化验报告中出现$CaCO_3$和亚硫酸盐同时升高时，则可能是运行中控制的pH值过高或浆液中灰分及杂质含量过高，浆液发生亚硫酸盐抑制现象，降低了石灰石利用率。

59. 石膏含水率过高的原因有哪些？

答：（1）石膏氧化不充分，亚硫酸盐含量高。

（2）石膏密度过低，石膏晶体颗粒小。

（3）pH值过高，石膏难以氧化结晶。

（4）真空泵内结垢严重，真空泵密封水流量低，真空度低于正常值。

（5）石膏旋流站故障，旋流子磨损或旋流站压力控制不稳定，使进入脱水机的石膏浆液含固量太低，造成石膏脱水困难。

（6）真空管破损漏真空、滤布堵塞、真空盒密封水堵塞、滤布、皮带跑偏等。

60. 采取哪些措施可以降低石膏含水率？

答：（1）加强废水排放，降低吸收塔内有害离子浓度，改善石膏浆液品质。

（2）定期检查氧化空气装置，确保风量充足。

（3）延长石膏在吸收塔内的停留时间，保证石膏晶体生长。

（4）吸收塔浆液pH值、密度控制在正常范围内。

（5）定期酸洗真空泵内部结垢物质。

（6）及时更换磨损的沉沙嘴，调整旋流器压力，控制石膏旋流器底流质量分数为40%～60%。

（7）检查真空盒密封水流量；用高压水枪冲洗堵塞滤布；定期检查真空管和真空盒漏真空情况，及时处理。

61. 湿式电除尘器冲洗水进入吸收塔后对脱硫系统运行有哪些影响？

答：湿式电除尘器冲洗水显酸性，进入脱硫系统后，会消耗一部分石灰石，降低脱硫效率；湿式电除尘器冲洗水中物质91%为不溶物，杂质过多且多为细小灰颗粒，不易去除，杂质富集导致吸收塔浆液黏度增加，造成石膏浆液局部过饱和度升高，浆液中离子迁移性降低，影响石膏晶体的正常生长；湿电除尘器冲洗水量大，进入脱硫系统后，造成吸收塔液位高。

第三节　设备常见异常分析

1. 浆液循环泵泵体振动大的原因有哪些？

答：（1）泵发生汽蚀，有空气吸入。

（2）吸收塔浆液密度过大，或吸收塔液位过低，低于最小额定流量。

（3）泵轴与电动机不同心。

（4）地脚螺栓松动。

（5）入口滤网堵塞。

（6）泵体内有异物。

（7）叶轮不平衡。

（8）轴承损坏。

2. 浆液循环泵运行中出口膨胀节脱开有何现象？

答：（1）吸收塔液位急剧下降。

（2）故障浆液循环泵电流先升高后下降，其余浆液循环泵电流均下降。

（3）出口SO_2浓度持续上升。

（4）吸收塔出口烟气温度有上升趋势。

3. 浆液循环泵运行中发生出口膨胀节脱开后如何处理？

答：（1）迅速停运故障浆液循环泵，并及时关闭入口门。

（2）开启除雾器冲洗水或者通过其他方式向吸收塔快速补水，恢复正常液位。

（3）启动备用浆液循环泵、加大供浆量、投加增效剂，确保SO_2达标排放；若短时间不能恢复，汇报值长降低机组负荷。

（4）故障处理过程中，严密监视吸收塔出口烟气温度。

（5）通知检修人员，及时处理故障浆液循环泵。

4. 浆液循环泵入口滤网堵塞有哪些现象？

答：（1）浆液循环泵运行中电流波动下降。

（2）浆液循环泵入口压力降低。

（3）运行浆液循环泵入口管道振动增大。

（4）泵体可能出现间断性异音。

（5）浆液循环泵出力下降。

5. 浆液循环泵入口滤网堵塞的原因有哪些？

答：（1）防腐鳞片、衬胶脱落碎片进入浆池，堵塞滤网。

（2）石膏结晶板结成坚硬垢块堵塞滤网。

（3）吸收塔搅拌器数量及布置不合理或长期停运，造成附近未运行浆液循环泵入口浆液沉积，堵塞滤网。

（4）浆液循环泵进口滤网尺寸偏小，滤网孔径偏小。

6. 浆液循环泵入口滤网堵塞后的处理方法有哪些？

答：（1）停运浆液循环泵，用管道中的浆液反复冲洗入口滤网。

（2）机组停运后，清理堵塞滤网，对吸收塔内及烟道防腐进行检查，及时修复，并清理吸收塔内杂物。

（3）根据浆液循环泵出力，加大循环泵进口滤网尺寸，并合理选择滤网孔径。

（4）浆液循环泵定期切换运行，用管道中的浆液反冲洗入口滤网预防堵塞。

7. 浆液循环泵运行中电流波动的处理措施有哪些？

答：（1）对浆液循环泵入口滤网改造，选择合适的滤网孔径和有效过滤面积。

（2）调整浆液循环泵运行组合方式，尽量避免相邻大功率泵同时运行。

（3）对大功率浆液循环泵进行变频改造。

（4）对于浆液起泡，立即添加消泡剂，同时分析吸收塔浆液起泡原因，及时消除起泡因素。

8. 对浆液循环泵入口滤网的设置有何要求？

答：（1）滤网的有效过滤面积不低于浆液循环泵进口管道截面积的3倍。

（2）选择合理滤网孔径，开孔直径一般不小于25mm。

（3）选择强度高、耐腐蚀性好的合金材质，一般采用DIN1.4529镍基合金。

9. 吸收塔喷淋层处塔壁漏浆的原因有哪些？

答：（1）吸收塔浆液喷淋层喷嘴安装角度不合理，造成运行中浆液直接冲穿塔壁。

（2）喷嘴脱落，造成喷淋浆液角度改变，浆液直接冲刷塔壁。

（3）防腐层脱落，造成塔壁腐蚀。

（4）喷嘴被木屑、脱落的鳞片等杂物部分堵塞，喷嘴浆液偏流射向塔壁，导致塔壁泄漏。

10. 如何防范吸收塔喷淋层处塔壁漏浆？

答：（1）检修结束后，应验收喷淋层喷嘴的安装质量，发现问题及时处理。

（2）调整浆液喷淋层喷嘴安装角度。

（3）加强吸收塔浆液喷淋区域塔壁相应位置的防腐检查。

（4）加强吸收塔地坑滤网、制浆滤网及浆液循环泵滤网管理，防止木屑、脱落的鳞片、外界杂物进入吸收塔系统。

（5）利用停机检修期间，清理吸收塔底部的杂物、滤网上的块状杂物；对喷嘴进行全面检查，发现喷嘴内有卡涩的杂物及时清理。

11. 运行中的浆液循环泵减速机漏油的原因有哪些？

答：（1）加油过多。

（2）密封圈老化。

（3）减速机内外由于温度差异产生压力差。

（4）结构设计不合理。

（5）检修工艺不当，结合面污物清除不彻底。

12. 浆液循环泵减速机漏油的处理措施有哪些？

答：（1）排油口处排放多余润滑油。

（2）更换密封圈。

（3）疏通透气孔并提高润滑油冷却效果。

（4）设计时注意平整结合面、减少部件变形、优化密封效果。

（5）检修期间将结合面污物彻底清理干净，定期更换密封部件。

13. 试进行同型号、同扬程 A/B 浆液循环泵，A 泵运行电流大于 B 泵的原因分析。

答：（1）管道（喷淋层）高度不同。

（2）B泵叶轮磨损。

（3）B泵入口滤网堵塞。

（4）B泵喷淋层喷嘴堵塞。

（5）B泵存在汽蚀。

（6）A泵叶轮尺寸大于B泵。

14. 离心泵运行过程中出口管道振动大的原因有哪些？

答：（1）泵体或吸入管道内有空气产生汽蚀。

（2）管线支架布置不合理。

（3）离心泵本身安装问题造成振动大，牵连到泵出口管道。

（4）进料不均匀。

（5）出口管道阀门未开启。

（6）扬程不够。

（7）离心泵实际流量过小，偏离设计流量过多。

15. 液下泵出力小的原因有哪些？

答：（1）泵吸入管及出口管道堵塞。

（2）吸入管泄漏。

（3）泵运行中，出口门未开到位。

（4）泵叶轮卡涩异物。

（5）泵吸入高度不够。

（6）搅拌器故障，浆液沉淀，造成浆液流动性差。

16. 工艺水泵不出力的原因有哪些？

答：（1）泵内有空气。

（2）盘根漏气或入口端盖不严。

（3）水泵入口门未开启。

（4）门芯脱落或泵内有杂物。

（5）备用泵倒转或该泵电动机转向反向。

（6）水箱液位过低。

17. 工艺水泵不出力的处理方法有哪些？

答：（1）将泵内空气排出。

（2）更换盘根以消除漏气或紧固端盖。

（3）检查水泵入口门，确保开位置正确。

（4）更换阀门或清除泵内杂物。

（5）处理备用泵出现倒转情况，联系电气倒换运行泵接线。

（6）提高水箱水位。

18. 自吸泵启动后不上水的原因可能有哪些？

答：自吸泵启动后不上水的原因有：

（1）吸入管路或填料处漏气。

（2）液位过低，管道吸入口超过液面。

（3）自吸罐漏气或堵塞。

（4）出口门未开启或故障。

（5）入口或出口管道堵塞。

（6）叶轮磨损。

（7）电动机转向不对或转速不够。

19. 防止泵发生汽蚀，应采取哪些措施？

答：（1）对于在易发生汽蚀条件下工作的泵，应尽量选用抗汽蚀性能好的泵，如选择汽蚀余量低、泵材料耐汽蚀性能好等。

（2）在选择、布置泵的入口管道时，要保证有足够大的有效汽蚀余量，此外，应尽可能地减小入口管道的流动阻力损失，提高有效汽蚀余量。

（3）泵运行中用阀门调节流量时，只能用出口管道上的阀门调节流量，不允许用入口管道上的阀门调节流量。

20. 湿式球磨机磨尾“吐”石子的原因有哪些？

答：（1）石灰石下料量过大，超出球磨机出力范围。

（2）球磨机内钢球填充量不足，无法满足出力要求。

（3）水料配比失调，石灰石量超过额定量。

（4）球磨机内部衬板磨损严重，无法提升钢球至有效高度，粉碎出力下降。

（5）石灰石料品质较差，存在泥沙、颗粒度过大、硬度过大等现象。

（6）旋流器调整不当，入口压力较高时，底部回流浆液较为黏稠，循环倍率提高，球磨机实际研磨出力增大。

21. 湿式球磨机磨尾“吐”石子应如何处理？

答：（1）校验石灰石皮带给料量，确保给料量平稳、准确。

（2）保证合理的钢球填充量及大小钢球配比。

（3）合理调整水料比，特别是当球磨机中浆液浓度过大时，适当增大研磨水量，稀释球磨机中浆液浓度。

（4）球磨机内部磨损衬板及时进行更换，保证钢球提升高度。

（5）严控石灰石品质，对于颗粒较大、硬度较高的石灰石应降出力运行。

（6）旋流器入口压力应在规定范围内调整，当压力异常时，应重点检查旋流子及沉沙嘴磨损情况。

22. 影响湿式球磨机经济运行的主要因素有哪些？

答：影响湿式球磨机经济运行的主要因素如下：

（1）石灰石来料的粒径按规定设计不大于20mm，若石灰石来料大量高于该值，会增加研磨周期、增加钢球磨损，降低球磨机出力，还会增加电耗。

（2）球磨机出口与滤网间隙过大，会出现甩浆现象，造成地面污染，未充分研磨的石灰石颗粒进入再循环箱内，造成旋流器堵塞，影响石灰石浆液品质。

（3）湿式球磨机的料水比调整不当。研磨水量大时，被携带出球磨机的大粒径固体颗粒就多，导致循环倍率增加；研磨水量小时，水流速度低，被携带出球磨机的固体颗粒就少、粒径小，致使球磨机出力降低。

（4）球磨机内钢球损耗严重。随着球磨机运行，钢球磨损，引起钢球大小比例失调，使石灰石的研磨效果减弱，研磨时间和电耗增大，研磨合格的石灰石浆液时间增长，且产量无法满足正常需求。

23. 石膏品质差表现在哪些方面？

答：石膏品质差，主要表现在以下几方面：

（1）石膏含水率高（大于10%）。

（2）石膏纯度即$CaSO_4 \cdot 2H_2O$含量低，也就意味着$CaSO_3$、$CaCO_3$及各种杂质含量增大了。

（3）石膏颜色差，发白、发黑或者发灰。

（4）石膏中氯离子、可溶盐（如镁盐）含量高等。

24. 真空泵运行中真空度偏低的原因及处理方法有哪些？

答：（1）真空室对接处脱胶。

处理方法：停运脱水系统后，放下真空室重新补胶并固定每段真空室进行处理。

（2）真空室下方法兰连接处泄漏或滤液总管泄漏。

处理方法：停运后检查，如果垫片有问题则更换垫片，如果法兰螺栓松动，紧固螺栓。

（3）给料量过少。

处理方法：应加大石膏排出泵供浆量或增开旋流子数量。

（4）润滑水、密封水供给不正常。

处理方法：调整润滑水、密封水流量合格。

（5）皮带和摩擦带磨损过度。

处理方法：停运后更换或修复皮带和摩擦带。

（6）真空箱与输送皮带之间的间隙不合理。

处理方法：调整真空箱与输送皮带之间的间隙至合理范围。

（7）水环式真空泵内部结垢。

处理方法：及时停运进行酸洗。

（8）气液分离罐有泄漏或是气液分离罐底流管道插入滤液池深度不足，水封被破坏。

处理方法：及时安排检查，消除气液分离罐漏真空的因素。

25. 石膏旋流器底流浓度偏小的原因有哪些?

答：（1）旋流器运行压力过低。

（2）石膏浆液浓度过低。

（3）进料管道冲洗水阀门内漏。

（4）沉沙嘴尺寸偏大。

（5）旋流子溢流管堵塞。

26. 如何从运行管理方面确保石膏质量?

答：（1）加强对吸收剂石灰石的管理，石灰石品质差，其所携带的酸不溶物大量进入脱水系统中。

（2）定期检测石灰石浆液的粒径，测定石灰石碳酸钙和酸不溶物含量。

（3）控制烟尘。烟气中的飞灰可以通过“封闭”石灰石活性来间接影响石膏质量。

（4）对氧化效率的控制。及时清理或更换入口滤网，保证氧化空气流量，停机后及时检查氧化空气喷嘴。

（5）对水力旋流分离器的管理。调整旋流子投入个数，监视旋流器运行状态，定期测定底流和溢流浆液的浓度。

（6）吸收塔浆液pH值的控制。过低pH值可降低浆液中$CaCO_3$的含量，有利于提高石膏纯度。过高浆液pH值，会增加浆液中的有害离子浓度，封闭石灰石，对石膏产生负面影响。一般控制吸收塔浆液pH值在5.2~5.8。

（7）浆液密度的控制。浆液固体物中碳酸钙和石膏有一定的质量比，当浆液浓度下降时，石膏中$CaCO_3$的含量增大；相反，提高固体物浓度有利于提高石膏质量。

（8）运行控制方式对石膏质量的影响。保证排放SO_2合格的情况下，根据脱硫系统入口SO_2的浓度，及时调整供浆量，有利于石膏纯度的提高。

（9）控制石膏中Cl^-含量。加强脱硫废水排放，控制吸收塔浆液中Cl^-浓度在合格范围内，及时投运真空皮带脱水机石膏饼冲洗水。

27. 真空皮带脱水机超额定电流跳闸的原因是什么？

答：（1）石膏脱水效果差，含水量大。

（2）石膏滤饼厚度太厚。

（3）减速机缺油、齿轮损坏。

（4）真空皮带脱水机滤布和皮带跑偏、卡涩。

（5）机械异物卡涩。

28. 真空泵运行过程中电流下降的原因有哪些？

答：真空泵运行过程中电流下降，伴随着负压降低，其原因有：

（1）真空泵密封水流量小。

（2）真空泵排污门未关闭。

（3）皮带机上滤饼厚度太薄。

（4）真空室及真空管漏真空。

（5）真空皮带脱水机摩擦带损坏。

（6）气液分离器漏真空。

29. 为什么氧化风机启停会造成吸收塔溢流？

答：超低排放改造后，吸收塔内设备增多，塔内正压增加，对于固定管网式氧化风机，因其空气孔朝下，氧化风机运行时，吸收塔浆液泡沫被鼓入的氧化空气吹破，如果氧化风机停运，吸收塔浆液气液平衡被瞬间破坏，大量泡沫生成，塔内的正压会使泡沫向上挤压，致使吸收塔溢流。

30. 如何防范氧化风机启停造成的吸收塔溢流？

答：（1）调整吸收塔液位。氧化风机停运前，适当降低吸收塔液位。

（2）检查氧化风机的运行状况，保证备用氧化风机处于良好的状态，一旦运行风机停运，要保证能够及时启动备用风机。

（3）吸收塔浆液有起泡现象时，停运氧化风机前，向塔内添加消泡剂。

（4）氧化风机切换期间，避免浆液循环泵启停，造成更大的浆液扰动。

31. 高速离心风机振动大的原因有哪些？

答：（1）风机运行问题造成，如发生喘振。

（2）制造质量问题造成，如轴承间隙大、轴弯曲、转子不平衡、叶轮与轴的配合间隙大等。

（3）安装质量问题造成，如风机与电动机轴不同心、地脚螺栓松动、转子与机壳摩擦等。

（4）润滑油质差，如油温高，造成润滑效果下降等。

32. 高速离心风机振动大的处理措施有哪些？

答：（1）调整风机导叶开度，消除喘振现象。

（2）消除风机制造问题，如使用间隙小的轴承、更换弯曲的轴等。

（3）消除风机安装问题，如风机与电动机安装找正、拧紧地脚螺栓等。

（4）定期清理油冷却器滤网，确保冷却系统正常投运。

33. 吸收塔侧进式搅拌器皮带磨损过快的原因有哪些？

答：（1）皮带轮没有调直。

（2）电动机支撑松动。

（3）皮带轮损坏、磨损。

（4）驱动超负荷。

（5）皮带表面脏，有异物。

（6）皮带轮太小。

（7）安装不正确导致拉紧组件损坏。

（8）皮带质量差，新旧皮带搭配使用。

34. 预防吸收塔侧进式搅拌器皮带磨损过快的方法有哪些？

答：（1）皮带轮对中。

（2）紧固电动机支撑固定螺栓。

（3）及时更换损坏的皮带轮。

（4）检查皮带是否与搅拌器配套。

（5）清除皮带上异物。
（6）避免新旧皮带同时使用。

35. 吸收塔搅拌器运行电流异常波动的原因有哪些？

答：（1）搅拌器负载波动，如杂物碰撞、缠绕搅拌器叶轮。
（2）吸收塔浆液起泡。
（3）皮带老化造成打滑。
（4）搅拌器叶片断裂。
（5）电压波动、三相电流不平衡等。

36. 检修时发现吸收塔底部沉积物较多可能的原因有哪些？

答：（1）吸收塔搅拌器停运过早，造成浆液沉淀。
（2）吸收塔搅拌器故障停运时间长，造成该区域浆液沉淀。
（3）石灰石品质差，二氧化硅含量过高。
（4）石灰石浆液颗粒度大，大颗粒石灰石沉积。
（5）除尘处理效果差，浆液中飞灰较多。
（6）吸收塔浆液长期高密度运行。

37. 吸收塔原烟道积浆的原因是什么？

答：吸收塔原烟道积浆的原因如下：
（1）吸收塔实际液位高，浆液进入原烟道。
（2）浆液品质差，起泡严重。
（3）吸收塔喷淋层喷嘴安装角度不正确或喷嘴损坏，浆液从喷嘴喷出后，直接喷入原烟道。
（4）吸收塔原烟道“帽沿”损坏，造成喷淋浆液进入原烟道。

38. 石灰石－石膏湿法烟气脱硫工艺，不设置 GGH 对环境质量的影响什么？

答：石灰石–石膏湿法烟气脱硫工艺中，烟气经过吸收塔的洗涤，温度通常维持在50℃左右，低温湿烟气如果直接经烟囱排放，会引起以下环境问题。

（1）因为烟气排放温度低，所以抬升高度较低，引起下风向地面烟气浓度增大，可能造成污染问题。

（2）饱和湿烟气在传输过程中会发生水汽凝结，凝结水会在下风向形成降雨，在寒冷冬季的北方，还可能形成降雪和地面出现结冰。

（3）水汽凝结会形成烟囱冒白烟。

39. 脱硫系统运行中，减少 GGH 泄漏的措施有哪些？

答：（1）严密监视，确保GGH低泄漏风机正常投运，定期检查GGH低泄漏风机电流及出口导叶，同时检查各分风门，保证密封风机正常投运。

（2）定期对GGH进行巡检，注意检查GGH旋转过程中是否有异声，是否有摩擦声，一旦有异声或摩擦声，应及时处理，防止密封片磨损。

（3）定期进行GGH泄漏率的测试，运行中，通过对GGH出入口烟气量的网格法测量，检查GGH泄漏量，从而为检修维护提供依据。

40. 试进行脱硫净烟道非金属膨胀节漏水的原因分析。

答：（1）材质选择不当。膨胀节蒙皮的材料不同，一般内外层为硅橡胶板，夹层为两层无碱玻璃丝布加一层聚四氟蒙皮，硅橡胶不耐腐蚀，造成内层过早破坏，引起膨胀节泄漏。

（2）膨胀节法兰接合面密封不严。蒙皮膨胀节底部有凹槽，运行时积蓄大量的酸水，酸水造成螺栓腐蚀、断裂或织物层破坏，引起泄漏。

（3）膨胀节底部输水管与蒙皮接口方式不合理。由于蒙皮是软性材料，输水管固定和密封安装比较困难。

（4）安装和运行的原因。由于非金属膨胀节蒙皮都是软性材料，运行中由于振动等原因会出现固定螺栓松动。酸水渗透到螺栓上腐蚀螺栓，造成膨胀节泄漏。

（5）净烟道输水管堵塞。烟道内长时间积水腐蚀，造成泄漏。

41. 防止脱硫净烟道非金属膨胀节漏水的措施有哪些？

答：（1）材料选用氟橡胶材料做内衬层，然后采用两层无碱玻璃丝布加一层聚四氟乙烯布做隔热层，外层用硅橡胶板；或选用钛板材料代替蒙皮。

（2）利用停机机会，检查烟道膨胀节处的防腐层，必要时进行防腐处理。

（3）定期检查膨胀节螺栓，紧固松动螺栓。

（4）选用高弹性胶密封膨胀节法兰结合面。

（5）经常疏通净烟道输水管，保证管道畅通。

42. 脱硫系统压缩空气中断的现象有哪些？

答：（1）CEMS烟气在线检测仪器失去气源，不能按时吹扫，造成取样探头、管线堵塞，数据异常。

（2）真空皮带脱水机纠偏器失去气源，长时间运行，造成滤布跑偏，设备跳闸。

（3）采用压缩空气当作石灰石粉仓的流化风时，气源失去，造成粉仓下粉不畅，制浆密度偏低。

（4）布袋除尘器失去气源，布袋堵塞，除尘效果变差。

（5）所有气动门均不能操作，影响正常操作。

43. 脱硫系统超低改造后，影响吸收塔水平衡的因素有哪些？

答：脱硫系统超低改造对吸收塔水平衡的影响如下：

（1）湿式电除尘。湿式电除尘利用工艺水持续对烟气极板极线进行冲洗，冲洗后的废水最终全部进入吸收塔。

（2）MGGH。加装MGGH后，吸收塔入口烟气温度降低、湿度增大，将导致烟气带水量较改造前降低，尤其在低负荷率下，烟气带水量减少，吸收塔液位上涨较快。

（3）低低温电除尘。加装低低温电除尘系统后，会导致吸收塔入口烟气温度降低、湿度增大，降低烟气带水量，使脱硫系统水耗降低。

（4）高效除尘除雾器。加装高效除尘除雾器系统后，不合理的除雾器冲洗系统设计将会造成除雾器冲洗水量明显增多，导致吸收塔水平衡被破坏，液位居高不下。

44. 脱硫系统超低改造后水平衡调整方法有哪些？

答：（1）减少冲洗水内漏，特别是除雾器冲洗门，发现内漏及时处理。

（2）优化除雾器冲洗程序，根据实际情况，调整冲洗间隔，下层可适当多冲洗。

（3）优化湿式电除尘器冲洗程序，在电场不投运情况下停止湿电循环水和湿电补水泵的运行。

（4）工艺冷却水、冲洗水量根据实际情况动态调整。尽量使用闭式循环冷却水，关闭停运设备的冷却水和密封水，合理排放脱硫废水。

（5）利用事故浆液箱缓冲容量，机组低负荷时收集多余系统水，高负荷时返回利用。

（6）低负荷率时调整MGGH运行方式。

（7）石灰石制浆系统尽量使用滤液水，控制石灰石浆液密度在设计值附近。

（8）合理分配公用系统的稀浆和地坑内浆液至各吸收塔。

45. CEMS 自动吹扫后，引起出口 SO_2 浓度过低或过高的原因是什么？

答：（1）通常U23分析仪表出厂设置自动吹扫周期，吹扫过程中会同时对仪表进行零点校准，发生吹扫后出口SO_2浓度过低或过高说明仪表可能在吹扫前已经出现零点漂移，经过吹扫及零点校准后恢复正常。

（2）自动吹扫过程中，如果吹扫用的压缩空气带有水、油等杂质，吹扫完毕后，加热管线温度立刻恢复到设定温度（出厂设定在140℃时吹扫），采样管线中压缩空气中的水以液态形式存在，与SO_2反应造成读数偏低，伴热管线温度升高水变为气态不再与SO_2反应，读数显示正常。处理方法是对压缩空气气源进行改造，加装一套空气净化装置，保证气源品质合格。

46. 试述脱硫系统中各测量仪表发生故障后的应对措施。

答：（1）pH计故障。若系统中的pH计发生故障，则必须由人工每2h化验1次，然后根据实际的pH值及烟气脱硫率来控制石灰石浆液的加入量，且pH计须立即恢复，校准后尽快投入使用。

（2）密度计故障。需人工在实验室测量各浆液密度，且密度计须尽快修好，校准后投入使用。

（3）液体流量测量故障。用工艺水清洗或重新校验。

（4）CEMS仪表故障。运行人员采取措施控制污染物达标排放，维护人员对仪表进行校验、校准，立即查明原因并做好参数记录。

（5）压力测量故障。用工艺水冲洗或重新校验。

（6）液位测量故障。用工艺水清洗或人工擦拭探头。

47. 热电偶测量温度示值偏低或不稳的原因有哪些?

答:(1)电极短路。
(2)接线柱处积灰。
(3)补偿导线与热偶极性接反。
(4)补偿导线与热偶极不配套。
(5)冷端补偿不符合要求。
(6)热电偶安装位置不当。

48. 热电偶测量温度示值偏低或不稳的处理方法有哪些?

答:(1)潮湿或绝缘损坏可能造成短路,找出原因并消除。
(2)清理接线柱处积灰。
(3)纠正接线方式。
(4)更换相配套的补偿导线。
(5)调整冷端补偿达到要求。
(6)在合适位置重新安装。

第六章　脱硫 CEMS 管理

第一节　工作原理及日常维护

1. 烟气排放连续监测系统由哪几个单元组成？

答：烟气排放连续监测系统（Continuous Emission Monitoring System，CEMS）测量系统由气态污染物和颗粒物监测单元、烟气参数监测单元、数据采集与处理单元组成。

（1）气态污染物监测单元主要用于监测气态污染物SO_2、NO_x等的浓度。

（2）颗粒物监测单元主要用来监测烟尘的浓度。

（3）烟气参数监测单元主要用来测量烟气流速、烟气温度、烟气压力、烟气含氧量、烟气湿度等，用于排放总量的计算和相关浓度的折算。

（4）数据采集处理与通信单元由数据采集器和计算机系统构成，实时采集各项参数，生成各浓度值对应的干基、湿基及折算浓度，生成日、月、年的累积排放量，完成丢失数据的补偿并将报表实时传输到主管部门。

2. 标准状态干烟气流量的意义及换算公式是什么？

答:标准状态干烟气流量就是实际测出来的烟气流量换算成标准状态下（273K、101.325kPa）的流量。测试实际情况不同，无法比较，换算成标准状态下就可以与标准统一对比。

换算公式为

$$Q_{sn}=Q_s\times\frac{273}{273+t_s}\times\frac{p_a+p_s}{101325}\times(1-X_{sw})$$

$$Q_s=3600\times A\times\overline{v}_s$$

式中　Q_{sn}——标准状态干烟气流量，m^3/h；

Q_s——工况下湿烟气流量，m^3/h；

t_s——烟气温度，℃；

p_a ——大气压力，Pa；
p_s ——烟气静压，Pa；
X_{sw}——烟气中水分含量体积百分比，%；
A ——测定断面面积，m^2；
$\overline{v}_s$ ——测定断面的湿烟气流速，m/s。

3. NO_2 和 NO 转换的意义及转换公式是什么？

答：一般CEMS仪器的测量目标为NO，国家环保局规定NO_x是以NO_2来换算的，即CEMS直接测量出来的NO需要转换为NO_2来计算烟气中的NO_x。转换公式为

$$C_{NO_2}=C_{NO}\times\frac{46}{30}=C_{NO}\times 1.53$$

式中 30——NO的分子量；
46——NO_2的分子量。

4. 直接抽取法 CEMS 的主要特点是什么？

答：（1）一个分析单元可同时测量SO_2、NO_x、CO_2、CO。
（2）测氧（O_2）单元与红外单元可共同置于同一分析仪内。
（3）测量精度高、维护简单、稳定性好。
（4）样气传输必须采用加热管线（120 ℃以上）。
（5）预处理系统复杂。
（6）要求密封性好（漏气将直接影响测量值）。

5. 稀释法 CEMS 的主要特点是什么？

答：（1）样气进入分析仪之前不需要除湿处理。
（2）样气经过稀释后（稀释比通常选择在100：1~250：1之间），有效地降低了样品的露点温度，使之低于安装地的环境最低温度，从而避免了样品气在环境温度下产生的结露现象。
（3）样气为带湿气体，测量过程是典型的湿法测量。
（4）稀释法可以彻底避免样品气在采样管线中冷凝结水。
（5）消除了直接抽取法经常发生的由于水分没有从样品中彻底消除而带来的腐蚀影响。
（6）稀释法提供带湿样品气测量数值和带湿烟气流量值，因而不再需要为数据修正提供额外的湿度计。

6. 紫外荧光法 SO_2 分析仪的工作原理是什么？

答：烟气样气进入仪器的反应室，在190～230nm的紫外光照射下，生成激发态的二氧化硫（SO_2^*）。SO_2^*主要通过荧光过程回到基态，其发射的荧光强度与SO_2^*的浓度呈线性关系，利用光电倍增管接收荧光，即可得到待测样气中的SO_2浓度。

7. 化学发光法 NO_x 分析仪的工作原理是什么？

答：化合物吸收化学能后，被激发到激发态，再由激发态返回至基态时，以光量子的形式释放能量，通过测量化学发光强度对物质进行分析测定。

8. 烟气颗粒物的测量方式有哪些？

答：（1）浊度法。

（2）光散射法。

（3）光闪烁法。

（4）振荡天平法。

（5）β 射线法。

（6）电荷法。

9. 浊度法颗粒物测量的原理及主要技术特点有哪些？

答：原理：光通过烟气时，光被吸收和散射的作用，从而减少光的强度，通过测量光的透过率来计算颗粒物浓度。

技术特点：

（1）可以连续监测颗粒物浓度。

（2）因振动、温度等因素易使光路发生偏移。

（3）光学器件易受烟气污染，应定期擦拭。

（4）受烟气中颗粒物特性及尺寸分布的影响。

（5）对于湿式除尘器的场合，选用应慎重。

（6）不适合低浓度。

10. 光散射法颗粒物测量的原理及主要技术特点有哪些？

答：原理：将一束光射入烟道，激光与烟尘作用产生散射，散射光强度与烟尘的散射截面成正比，浓度高，截面成比例增大，散射光增强，从而得到颗粒物烟尘浓度。

技术特点：易安装维护，适合低浓度，受烟气中颗粒物特性及尺寸分布的影响，受水滴影响。

11. 光闪烁法颗粒物测量的原理及技术特点是什么？

答：测量原理：当颗粒物通过光束时，用检测器检测浊度的快速波动，波动光与平均光的比值，得到颗粒物浓度。

技术特点：

（1）一般为单通道。

（2）能够测低浓度尘。

（3）校零校标困难。

（4）测量值受低流速、颗粒物密度、液滴影响。

12. β 射线法颗粒物测量的原理及技术特点是什么？

答：原理：使已知体积的烟气通过收集颗粒物的滤膜，由测量吸收的β射线确定颗粒物质量浓度。

技术特点：直接测量质量浓度，不受颗粒物特性影响，受液滴影响，抽取式采样存在困难。

13. 氧化锆法测量氧的原理及技术特点是什么？

答：原理：利用ZrO_2在高温（600℃）时的电解催化作用，形成烟气一侧的电极和与含有O_2的参考气体（通常为空气）接触的参考电极产生电位的不同，从而测量出烟气中氧气浓度。

技术特点：精准可靠且成本低，探头使用寿命为1～2年，测量的是湿基氧的浓度。

14. 烟气流速的测量方式有哪些？

答：测量方式有差压法、超声波法、热导式测量。

15. 皮托管差压法测量烟气流速有什么特点？

答：（1）需要采用高压反吹技术定期反吹皮托管，皮托管正对气流测孔表面的清洁是保证准确测量烟气流速的重要条件。

（2）安装时应避开有涡流的位置，测量低压差（Δp）比较困难（实际测定的最小压差约为5Pa，能够测量的最低流速为2~3m/s）。

（3）测量低流速时灵敏度、准确性低。

16. 超声波法测量烟气流速有什么特点?

答:(1)在流体中设置两个超声波传感器,既可发射超声波又可以接收超声波,一个装在管道的上游,另一个装在下游。

(2)通过超声波在流体中顺流和逆流方向传播时间差来计算出烟气流速。

(3)超声波技术能够测量低至0.03m/s的气流流速。

(4)安装时应避开有涡流的位置,颗粒物会污染发射/接收器表面,吹扫表面保持清洁。

17. 热导式测量烟气流速有什么特点?

答:(1)气体借热空气对流从探头带走热量来冷却探头,气流流经探头的速度越快,探头冷却得越快。

(2)供给更多的电量维持传感器最初的温度,对于加热丝类型的传感器,气体的质量流量与供电量成正比。

(3)水滴将引起热传感系统的测量误差。

(4)清洁空气吹扫或机械方法去除表面污物,防止探头腐蚀和灰尘附着。

18. 测量烟气湿度的方法有哪些?各有什么特点?

答:(1)电容法。采用电容式传感器,探头直接插入烟道中,探头周围采用特制的过滤器进行保护。采用薄膜电容和Pt-100电阻组合专门设计的传感器,利用水分的变化和电容值变化之间的关系直接测量水气分压,利用Pt-100测量温度,可以准确测量高温烟气的水分含量。直接插入式测量,探头需要特殊防护。

(2)干、湿氧法。通常利用插入式氧化锆探头直接测量烟道中的湿态氧含量,利用直接抽取法将烟气抽取后降温除湿,测量出干态氧含量,经计算后得出烟气湿度。两台测氧仪器漂移不一致会导致误差叠加。

19. 烟气温度的测量方式有哪些?

答:测量温度的方式有热电偶和热电阻,脱硫烟气测温一般采用热电阻。

20. 直接抽取法 CEMS 日常巡检内容有哪些?

答:(1)检查分析仪表,流量满足:1.0 ~ 1.5L/min。

（2）检查保护过滤器，滤芯为白色，不允许变色或附有颗粒物。

（3）检查制冷器后管路是否有水汽，如果有，要检查制冷器和蠕动泵。

（4）检查制冷器，查看设定温度是否正确或制冷器工作是否正常，制冷温度应为5℃。

（5）检查蠕动泵排水是否正常、是否有冷凝水排出。

（6）检查储液罐冷凝水是否超过最高液位3/4，超过时及时清理。

（7）检查采样管线是否有加热（用手摸伴热管外皮是否有烫热感）、检查管线保温是否完好。

（8）检查采样探头加热是否正常（勿用手直接触摸，带隔热手套）。

（9）检查粉尘仪风机，观察是否正常运转。

（10）检查DAS系统数据显示是否正常、报表纪录是否正常、状态量显示是否正常。

21. 直接抽取法 CEMS 定期工作内容一般有哪些?

答：（1）取样探头过滤器更换。每3个月检查一次探头过滤器，如滤芯严重堵塞或裂缝需及时更换。

（2）采样管线检查。注意不要使重物体压在管线上或人员踩踏，以避免因内部取样管与加热带紧密接触而造成取样管损坏，若取样管损坏将难以修复，必须更换。

（3）蠕动泵泵管更换。每6个月更换一次安装在制冷器下端的蠕动泵泵管。

（4）取样泵检查更换。当采样气体流量降低时，应检查调节针阀和取样泵膜片，每两年更换一次取样泵。

（5）保护过滤器滤芯更换。当有水汽或粉尘物通过保护过滤器时，保护过滤器中的滤纸会变色，这时滤芯应予以更换，如果保护过滤器滤芯变色较快，应对过滤器前级气路进行检查，原因可能是探头过滤器失效，制冷器工作失常所致，每6个月更换一次保护过滤器滤芯。

（6）电磁阀更换。气路预处理中的电磁阀，用于零点校准切换及流路切换，一般情况下电磁阀有问题时，应检查电磁阀滑竿，可以用酒精清洗滑竿挡头以保证密封性，每3年更换一次电磁阀。

（7）气体分析仪器校准。每周用标气校准一次仪器，分析仪必须设置为自动校准。

（8）数据备份。每周进行一次。

22. CEMS 定期校准的要求有哪些?

答：根据HJ 75—2017《固定污染源烟气（SO_2、NO_x、颗粒物）排放连续监测技术规范》中关于CEMS定期校准的要求，有以下几点：

（1）具有自动校准功能的颗粒物CEMS和气态污染物CEMS每24h至少自动校准一次仪器零点和量程，同时测试并记录零点漂移和量程漂移。

（2）无自动校准功能的颗粒物CEMS每15d至少校准一次仪器的零点和量程，同时测试并记录零点漂移和量程漂移。

（3）无自动校准功能的直接测量法气态污染物CEMS每15d至少校准一次仪器的零点和量程，同时测试并记录零点漂移和量程漂移。

（4）无自动校准功能的抽取式气态污染物CEMS每7d至少校准一次仪器零点和量程，同时测试并记录零点漂移和量程漂移。

（5）抽取式气态污染物CEMS每3个月至少进行一次全系统的校准，要求零气和标准气体从监测站房发出，经采样探头末端与样品气体通过的路径（包括采样管路、过滤器、洗涤器、调节器、分析仪表等）一致，进行零点和量程漂移、示值误差和系统响应时间的检测。

（6）具有自动校准功能的流速CEMS每24h至少进行一次零点校准，无自动校准功能的流速CEMS每30d至少进行一次零点校准。

23. CEMS 定期维护的要求有哪些?

答：根据HJ 75—2017《固定污染源烟气（SO_2、NO_x、颗粒物）排放连续监测技术规范》中关于CEMS定期校准的要求，有以下几点：

（1）污染源停运到开始生产前应及时到现场清洁光学镜面。

（2）定期清洗隔离烟气与光学探头的玻璃视窗，检查仪器光路的准直情况；定期对清吹空气保护装置进行维护，检查空气压缩机或鼓风机、软管、过滤器等部件。

（3）定期检查气态污染物 CEMS 的过滤器、采样探头和管路的结灰和冷凝水情况、气体冷却部件、转换器、泵膜老化状态。

（4）定期检查流速探头的积灰和腐蚀情况、反吹泵和管路的工作状态。

24. CEMS 定期校验的要求有哪些？

答：根据HJ 75—2017《固定污染源烟气（SO_2、NO_x、颗粒物）排放连续监测技术规范》中关于CEMS定期校准的要求，有以下几点：

（1）有自动校准功能的测试单元每6个月至少做一次校验，没有自动校准功能的测试单元每3个月至少做一次校验；校验用参比方法与 CEMS同时段数据进行比对。

（2）校验结果应符合要求，不符合时，应扩展为对颗粒物CEMS的相关系数的校正或/和评估气态污染物CEMS的准确度或/和流速CEMS的速度场系数（或相关性）的校正，直到CEMS达到要求。

（3）定期校验记录按HJ 75—2017《固定污染源烟气（SO_2、NO_x、颗粒物）排放连续监测技术规范》中的附录表格形式记录。

第二节　常见故障分析

1. CEMS 测量仪表发生零点漂移时如何处理？

答：（1）手动标定。对分析仪中异常成分进行通空气标定零点或通标气标定满点。

（2）自动校准。对分析仪中异常成分进行自动校零或通标气进行自动校准。

（3）检查取样系统有无异常。

（4）若仪表在运行中频繁发生零点漂移，应缩短仪表自动校准的周期。

2. CEMS 测量仪表出现氧量过高的处理措施有哪些？

答：（1）通空气进行氧的零点标定。

（2）若未漂移则进行气路检查，先检查采样探头到采样泵前的气路，观察有无漏气，若无问题，再检查采样泵后的气路，将漏气处紧固。

（3）检查吹扫电磁阀是否内漏，有无压缩空气进入测量系统。

（4）检查氧电池是否正常。

3. 直抽法 CEMS 取样管路中水量大的处理措施有哪些？

答：（1）检查伴热管的温度是否正常，确保伴热温度在120℃以上。

（2）检查取样管路有无U形弯，管道布置应平稳、流畅。

（3）检查反吹压缩空气是否带水，保证压缩空气干燥。

（4）检查取样探头加热器是否正常工作，探头加热器温度在120℃以上。

（5）反吹气路将水分吹干。

4. CEMS 测量 SO_2 数据偏低或者为 0 的原因有哪些？

答：（1）零点发生负漂移。

（2）预处理系统设备故障，烟气中含水量大，SO_2被水吸收。

（3）取样探头堵塞、取样流量低。

（4）取样管路漏气，样气被稀释。

5. CEMS 测量 SO_2 数据偏低或者为 0 的处理措施有哪些？

答：（1）用压缩空气进行零点标定，用标气进行量程标定。

（2）检查精密过滤器是否堵塞或者积水。

（3）检查疏水过滤器是否积水。

（4）检查伴热管是否正常，温度是否在120℃左右。

（5）检查冷凝器温度是否在5℃以下。

（6）检查预处理管路是否有积水。

（7）检查采样探头是否堵塞，清理采样探头滤芯，疏通采样探头探杆。

（8）检查预处理采样气管是否漏气。

6. CEMS 测量仪表烟气冷凝系统中的主要故障有哪些？

答：（1）冷凝器制冷效果不理想，样气中含有大量的水分没有被分离，分析仪过滤器及流速表中有水珠存在，如果长时间运行，会损坏分析仪。采取的措施是在样气进入过滤器前加装一个阻水器，阻挡过多的水分被带进分析仪，同时提高伴热温度，降低冷凝器的温度，从而提高样气与冷凝器的温度差，加强水分的凝结，避免分析仪内进水。

（2）蠕动泵管老化变形，失去弹性作用，易形成堵塞，使冷凝水不能及时排出，造成出口样气大量带水，影响抽吸单元和分析组件的正常运行。其次蠕动泵管破裂，大量空气进入样气，也会影响分析组件测量的准确性，在日常维护中应定期检查、更换蠕动泵管。

7. 直抽式 CEMS 取样系统冷凝器发生“冰堵”的现象及处理方法有哪些?

答：现象：系统气路不畅通，采样泵工作正常的状况下，机柜前面板上流量计流量为零，双通道冷腔出现结冰。

处理方法：

（1）制冷系统断电，让冰自然溶化。

（2）用压缩空气进行吹扫，把预处理单元机箱后的真空泵出口气管和流量计进口气管同时拔下，用压缩空气外部进行吹扫直至冰溶化。

（3）检查双通道冷腔是否完整、有无损坏。

8. CEMS 粉尘测点跳变的原因有哪些?

答：（1）激光测量装置镜片污损。

（2）测量池浊度高。

（3）射流风机、稀释风机过滤器堵塞。

（4）压缩空气含水高。

（5）粉尘仪取样流量不稳定。

（6）粉尘仪加热器故障。

第三节　环保监测

1. CEMS 比对监测应具备的条件是什么?

答：自动监测设备已按规范安装调试，并经地市级以上环保主管部门验收合格后方可开展比对监测，比对监测时要求排污企业出具自动监测设备的调试检测报告和验收合格报告，比对监测期间，生产设备应正常稳定运行。

2. CEMS 比对监测的目的是什么?

答:CEMS比对监测的目的是监督、考查CEMS日常监测分析的数据是否准确、有效,是否能够成为环境管理部门进行监督执法和排污收费等的主要参考依据。

3. CEMS 比对监测项目有哪些?

答:CEMS比对监测项目有气态污染物(二氧化硫、氮氧化物)实测干基浓度、颗粒物实测干基浓度、烟气流速、烟气温度和含氧量。

4. CEMS 比对监测的频次是多少?

答:对国家重点监控企业安装的固定污染源烟气CEMS每年至少4次,每季度至少1次。每次比对检测,对颗粒物浓度、烟气流速、烟气温度用参比方法至少获取3个测试断面的平均值,气态污染物和氧量至少获取6个数据,取参比方法测试的平均值与同时段烟气CEMS的平均值进行准确度计算。

5. CEMS 比对监测的技术依据是什么?

答:(1)GB/T 16157《固定污染源排气中颗粒物测定与气态污染物采样方法》。

(2)HJ 75《固定污染源烟气排放连续监测技术规范》。

6. CEMS 验收检测项目包括哪些?

答:(1)颗粒物。

(2)气态污染物。

(3)流速。

(4)烟气温度。

(5)氧量。

(6)湿度。

7. CEMS 比对监测应遵循的原则是什么?

答:(1)监测期间,生产设备要正常稳定运行。

(2)监测前,首先要核准烟尘采样器、烟气分析仪、烟气CEMS等相关仪器的显示时间,并保持一致。

（3）参比方法测定湿法脱硫后的烟气，使用的烟气分析仪必须配有符合国家标准规定的烟气前处理装置（如加热采样枪和快速冷却装置等）。

（4）监测前参比方法使用的烟气分析仪，必须现场使用标准气体检查其准确度，并记录现场校验值。

（5）每个监测项目的数据需记录采样起止时间。

（6）比对监测期间不允许在线监测设备运营单位调试仪器。

8. CEMS 比对监测各参数参比的方法分别是什么？

答：（1）颗粒物参比监测方法：重量法。

（2）氧量参比监测方法：电化学法、氧化锆法、热磁式氧分析法。

（3）二氧化硫参比监测方法：非分散红外吸收法、碘量法、定电位电解法。

（4）氮氧化物参比监测方法：非分散红外吸收法、定电位电解法、非分散紫外吸收法、盐酸萘乙二胺分光光度法。

（5）烟气流速参比监测分析方法：皮托管法。

（6）烟气温度参比监测分析方法：热电偶、电阻温度计。

9. CEMS 比对监测中关于颗粒物的评价标准是什么？

答：参照HJ 75—2017《固定污染源烟气排放连续监测技术规范》要求，当用参比方法测定烟气中颗粒物排放浓度时需满足下面要求：

（1）当排放浓度大于200mg/m^{3}时，相对误差不超过±15%。

（2）当排放浓度大于100mg/m^3、小于或等于200mg/m^{3}时，相对误差不超过±20%。

（3）当排放浓度大于50mg/m^3、小于或等于100mg/m^{3}时，相对误差不超过±25%。

（4）当排放浓度大于20mg/m^3、小于或等于50mg/m^{3}时，相对误差不超过±30%。

（5）当排放浓度大于10mg/m^3、小于或等于20mg/m^{3}时，绝对误差不超过±6 mg/m^3。

（6）当排放浓度小于或等于10mg/m^{3}时，绝对误差不超过±5mg/m^3。

10. CEMS 比对监测中关于二氧化硫的评价标准是什么？

答：参照HJ 75—2017《固定污染源烟气排放连续监测技术规范》要求，当用参比方法测定烟气中二氧化硫排放浓度时需分别满足下面要求：

（1）当排放浓度大于或等于250 μmol/mol（715mg/m^3）时，相对准确度小于或等于15%。

（2）当排放浓度大于或等于50 μmol/mol（143mg/m^3）、小于250 μ mol/mol（715mg/m^3）时，绝对误差不超过 ± 20 μ mol/mol（57mg/m^3）。

（3）当排放浓度大于或等于20 μmol/mol（57mg/m^3）、小于50 μ mol/ mol（143mg/m^3）时，相对误差不超过 ± 30%。

（4）当排放浓度小于20 μ mol/ mol（57mg/m^3）时，绝对误差不超过 ± 6 μ mol/mol（17mg/m^3）。

11. 校验颗粒物 CEMS 的要求有哪些？

答：将建立的手工采样参比方法测定结果与颗粒物CEMS测定结果的一元线性回归方程的斜率和截距输入到烟气CEMS的数据采集处理系统，将颗粒物CEMS的测定显示值修正到与手工采样参比方法一致的颗粒物浓度（mg/m^3）。

手工采样断面排气流速应大于或等于5m/s，当不能满足要求时：

（1）在2.5 ~ 5m/s之间时，取实测平均流速计算采样流量进行恒流采样，校验方法仍采用一元线性回归方程。

（2）低于2.5m/s时，取2.5m/s流速计算采样流量进行恒流采样。至少取9个有效数据计算系数K，即手工方法平均值/CMES显示值平均值，然后将系数k输入到CEMS的数据采集处理系统，校验后的颗粒物浓度=K · CEMS（颗粒物显示值）。

（3）当无法调节颗粒物控制装置或燃烧清洁能源时，也可采用K系数的方法。

12. 气态污染物 CEMS 示值误差调试检测的步骤和要求有哪些？

答：（1）仪器通入零气，调节仪器零点。

（2）通入高浓度（80% ~ 100%的满量程值）标准气体，调整仪器显示浓度值与标准气体浓度值一致。

（3）仪器经上述校准后，按照零气、高浓度标准气体、零气、中浓度（50%~60%的满量程值）标准气体、零气、低浓度（20%~30%的满量程值）标准气体的顺序通入标准气体。若低浓度标准气体浓度高于排放限值，则还需通入浓度低于排放限值的标准气体，完成超低排放改造后的火电污染源还应通入浓度低于超低排放水平的标准气体，待显示浓度值稳定后读取测定结果，重复测定3次，取平均值。

13. CEMS 联网验收的技术指标要求有哪些?

答：（1）通信稳定性。考核指标包括现场机在线率为95%以上；正常情况下掉线后，应在5min之内重新上线；单台数据采集传输仪每日掉线次数在3次以内；报文传输稳定性在99%以上，当出现报文错误或丢失时，启动纠错逻辑，要求数据采集传输仪重新发送报文。

（2）数据传输安全性。考核指标包括对所传输的数据应按照 HJ/T 212《污染源在线监控（监测）系统数据传输标准》中规定的加密方法进行加密处理传输，保证数据传输的安全性；服务器端对请求连接的客户端进行身份验证。

（3）通信协议正确性。考核指标包括现场机和上位机的通信协议应符合HJ/T 212《污染源在线监控（监测）系统数据传输标准》中的规定，正确率为100%。

（4）数据传输正确性。考核指标包括系统稳定运行一星期后，对一星期的数据进行检查，对比接收的数据和现场的数据完全一致，抽查数据正确率为100%。

（5）联网稳定性。系统稳定运行一个月不出现除通信稳定性、通信协议正确性、数据传输正确性以外的其他联网问题。

14. CEMS 调试检测的一般要求有哪些?

答：（1）现场完成CEMS安装、初调后，CEMS连续运行时间应不少于168h。

（2）CEMS连续运行168h后，可进入调试检测阶段，调试检测周期为72h，在调试检测期间，不允许计划外的检修调节仪器。

（3）如果因CEMS故障、固定污染源故障、断电等原因造成调试检测中断，在上述因素恢复正常后，应重新开始进行为期72h的调试检测。

（4）试检测必须采用有证标准物质或标准样品，标准气体要求贮存在铝或不锈钢瓶中，不确定度不超过±2%。较低浓度的标准气体可以使用高浓度的标准气体采用等比例稀释方法获得，等比例稀释装置的精密度在1%以内。

（5）对于光学法颗粒物CEMS，校准时须对实际测量光路进行全光路校准，确保发射光先经过出射镜片，再经过实际测量光路，到校准镜片后，再经过入射镜片到达接受单元，不得只对激光发射器和接收器进行校准。对于抽取式气态污染物CEMS，当对全系统进行零点校准和量程校准、示值误差和系统响应时间的检测时，零气和标准气体应通过预设管线输送至采样探头处，经由样品传输管线回到站房，经过全套预处理设施后进入气体分析仪。

（6）调试检测后应编制调试检测报告。

15. 固定污染源烟气自动监测设备比对监测核查参数包括哪些？

答：固定污染源烟气自动监测设备比对监测核查参数包括过剩空气系数、烟气流量、污染物折算浓度、污染物排放速率、烟气含湿量、标准曲线参数、速度场系数和皮托管系数。

16. CEMS 比对监测中关于氧量、烟气流速、烟气温度的评价标准是什么？

答：参照HJ 75—2017《固定污染源烟气排放连续监测技术规范》要求：

（1）当氧量大于5.0%时，相对准确度小于或等于15%；当氧量小于或等于5.0%时，绝对误差不超过±1.0%。

（2）当烟气流速大于10m/s时，相对误差不超过±10%；当烟气流速小于或等于10m/s 时，相对误差不超过±12%。

（3）烟气温度绝对误差不超过±3℃。

17. CEMS 比对监测中关于皮托管系数核查的内容是什么？

答：对照核查皮托管的检定证书或校准证书中的皮托管修正系数*K*值是否与CEMS管理系统参数设置的皮托管修正系数一致。

18. CEMS 比对监测中关于标准曲线参数和速度场系数核查的内容是什么？

答：对照核查CEMS的调试报告或验收报告中的标准曲线参数和速度场系数是否与CEMS管理系统参数设置中标准曲线参数和速度场系数一致。

19. 比对监测仪器的质量保证措施有哪些？

答：（1）比对测试中使用的仪器必须经有关计量检定单位检定合格，且在检定期限内。

（2）烟气温度测量仪表、空盒大气压力计、皮托管、真空压力表（压力计）、转子流量计、干式累积流量计、采样管加热温度等，至少半年自行校正一次，确保其准确性。

（3）参比方法测定湿法脱硫后的烟气，使用的烟气分析仪必须配有符合国家标准规定的烟气前处理装置（如加热采样枪和快速冷却装置等）。

（4）参比方法使用的烟气分析仪必须每次现场使用标准气体检查准确度，并记录现场校验值，若仪器校正示值偏差不高于±5%，则为合格。

（5）定电位电解法烟气测定仪和测氧仪的电化学传感器，当性能不满足测定要求时，必须及时更换传感器，送有关计量检定单位检定合格后方可使用。

20. 现场比对监测的质量保证措施有哪些？

答：（1）按照等速采样的方法，应使用微电脑自动跟踪采样仪，以保证等速采样精度，进行多点采样时，每点采样时间不少于3min，各点采样时间应相等或每个固定污染源测定时所采集样品累计的总采气量不少于1m^3。

（2）使用微电脑自动跟踪采样仪进行颗粒物及流速测定时，采样枪口和皮托管必须正对烟气流向，偏差不得超过10℃，当采集完毕或更换测试孔时，必须立即封闭采样管路，防止负压反抽样品。

（3）当采集高浓度颗粒物时，发现测压孔或采样嘴被尘粒沾堵时，应及时清除。

（4）滤筒处理和称重。用铅笔编号，在105～110℃烘烤1h，取出放入干燥器中冷却至室温，用感量0.1mg天平称重，两次重量之差不超过0.5mg；当测试400℃以上烟气时，应预先在400℃烘烤1h，取出放入干燥器中冷却至室温，称至恒重。

（5）采用碘量法测定二氧化硫时，吸收瓶用冰浴或冷水浴控制吸收液温度，以保证吸收效率。

（6）用烟气分析仪对烟气二氧化硫、氮氧化物等进行测试。测定结束时，应将仪器置于干净的环境空气中，继续抽气吹扫传感器，直至仪器示值符合说明书要求后再关机，下次测定时，必须用洁净的空气校准仪器零点。

（7）在现有采样管的技术条件下，如果烟道截面高度大于4m，则应在侧面开设采样孔；如宽度大于4m，则应在两侧开设采样孔，并设置符合要求的多层采样平台。以两侧测得的颗粒物平均浓度代表这一截面的颗粒物平均浓度。

第七章　湿法烟气脱硫系统防腐

第一节　防腐工艺简介

1. 防腐设计的基本原则是什么?

答：（1）氯化物的设计浓度。氯设计浓度过高，造成投资成本增加；氯设计浓度偏低，影响系统可靠性和正常运行。

（2）初期投资成本和维修费用。初期投资成本低，后期维修费用较高；初期投资成本高，后期维修费用低。

2. 烟气脱硫设备的腐蚀主要有哪几类?

答：（1）化学腐蚀。即烟道之中的烟气冷凝液在一定温度下与管道、泵、烟道等金属设备中的钢铁发生化学反应，生成可溶性铁盐，使金属设备逐渐破坏。

（2）电化学腐蚀。即金属设备表面有水及电解质时，其表面形成原电池而产生电流，导致金属逐渐锈蚀，特别在焊缝接点处更易发生。

（3）结晶腐蚀。浆液吸收SO_2后生成可溶性硫酸盐或亚硫酸盐，液相物质渗入管道、设备等表面防腐层的毛细孔内，当脱硫系统停运时，这些物质自然干燥，生成结晶型盐，体积膨胀使防腐材料自身产生内应力，而使其脱皮、粉化、疏松或裂缝损坏，停运的脱硫设备比运行的更易腐蚀。

（4）磨损腐蚀。烟气中的固体颗粒（粉尘、石膏、碳酸钙等）与脱硫设备、管道表面湍动摩擦，不断更新表面，加速腐蚀过程，使其逐渐变薄。

3. 脱硫系统常用的防腐材料有哪些?

答：（1）镍基耐蚀合金。

（2）橡胶衬里，特别是软橡胶衬里。

（3）合成树脂涂层，特别是带玻璃鳞片的。

（4）玻璃钢（FRP）。

（5）耐蚀塑料如聚四氟乙烯、聚丙烯（PP）。

（6）耐蚀硅酸盐材料，如化工陶瓷。

（7）人造铸石等。

4. 什么是玻璃鳞片树脂涂层？

答：玻璃鳞片树脂涂层一般是指采用一定材质的（硅酸盐）玻璃料，经特定工艺加工而成的鳞片状薄玻璃制品，与树脂结合形成的防腐涂料，在湿法脱硫系统中，一般树脂占55%~65%，玻璃鳞片占30%左右。树脂一般为乙烯基树脂（VE），在脱硫系统防腐中应用最多的为双酚A型VE和酚醛环氧型VE。

5. 乙烯基树脂（VE）玻璃鳞片衬层的性能有哪些？

答：（1）优良的抗介质渗透性。抗水蒸气渗透性优于橡胶和FRP，更小于树脂浇铸体。

（2）优良的耐化学腐蚀性。VE树脂和玻璃鳞片各自优良的耐酸、碱腐蚀性和相互结合形成的抗渗透性，使得VE树脂鳞片成为脱硫系统中防腐应用最广泛的材料。

（3）优良的耐磨性。在无腐蚀条件下双酚A型VE玻璃鳞片衬里的耐磨性优于天然橡胶和丁基橡胶，但较氯丁橡胶略差。

（4）耐温性。双酚型VE和酚醛环氧VE树脂鳞片涂料在液体和干气体中的耐温性分别为90℃、100℃和120℃、150℃，硬化后可耐温分别为125~130℃和155~165℃。

（5）机械性能。VE玻璃鳞片坚硬，随着钢材基本的变形仅在有限的范围内具有较低的扯裂延伸率。

6. 什么是玻璃钢（FRP）？

答：以合成树脂为黏合剂，玻璃纤维及其制品做增强材料，并添加各种辅助剂而制成的复合材料称为玻璃纤维增强塑料（FRP），因其强度高，可与钢铁相比，固又称玻璃钢。常用的合成树脂有环氧树脂、酚醛树脂、呋喃树脂及乙烯基树脂，但在脱硫系统中更多是选用乙烯基树脂。增强材料主要有碳纤维、玻璃纤维、有机纤维，但目前脱硫系统装置中使用最多、技术最成熟的FRP仍采用玻璃纤维及其制品作为增强材料。常用的辅助剂有固化剂、促进剂、稀释剂、引发剂、增韧剂、增塑剂、触变剂和填料。

7. 玻璃钢（FRP）的主要特点是什么？

答：（1）轻质高强。

（2）优良的耐化学腐蚀。

（3）良好的耐热性和隔热性。

（4）良好的表面性能，很少结垢，管内阻力小，摩擦系数低。

（5）应用范围广，能适用于各种不同工艺要求。

（6）施工工艺灵活，可以加工成所需要的任何形状。

8. 脱硫系统常用的耐腐蚀合金有哪些？

答：奥氏体不锈钢、双向不锈钢、镍基Cr-Mo合金、钛合金、高铬铸铁及低合金钢等，特别是在一些高温、严重腐蚀区域和动态设备防腐区域，耐腐蚀金属材料成为橡胶和增强树脂衬层的主要替代物。

9. 整体板结构耐腐蚀合金主要包括哪些？

答：316L、317L、317LM、317LMN、4-Mo奥氏体不锈钢，6-Mo奥氏体不锈钢，625级合金，C级合金、钛。

10. 整体板结构耐腐蚀合金的优点有哪些？

答：（1）维修工作较少。

（2）修补工作一般较简单。

（3）施工较简单。

（4）不受温差影响。

（5）耐机械损坏。

（6）少有出现磨损损坏。

（7）荷重构件可以直接落在容器壁上。

11. 脱硫系统为什么要进行防腐？

答：煤在燃烧过程中产生了SO_2、SO_3、HCl、HF、NO_x等多种具有强腐蚀性的酸性气体，部分SO_3随着烟气温度下降与烟气中的水分结合形成极具腐蚀性的高浓度硫酸冷凝液。绝大多数的SO_3、HCl、HF被浆液吸收转化为相应的钙盐和镁盐，但他们的水解产物都具有酸性，在脱硫系统中不同部位会造成不同低pH值的腐蚀环境。同时Cl^-、F^-的存在恶化了腐蚀环境，引起金属发生一般化学腐蚀、点蚀、缝隙腐蚀、应力腐蚀断裂等各种类型腐蚀。

另外，烟气中的固体颗粒会对吸收塔上游侧设备（如烟气换热器、挡板、风机叶片等）造成磨损。烟气中的大部分固体颗粒最终进入吸收塔浆液，与浆液中固体颗粒物对设备的非金属内衬、构件产生冲刷磨损，对金属构件、过流件则会产生电化学腐蚀和磨损腐蚀相结合的流体腐蚀。脱硫系统各个部位形成的沉积物、垢也可引发金属的缝隙腐蚀，高温则加剧上述腐蚀过程。因此，脱硫系统必须进行防腐。

12. 影响脱硫系统工艺过程腐蚀性的外在因素有哪些?

答：（1）温度。温度升高会加快脱硫系统金属设备的腐蚀。

（2）干湿度变化。干湿度变化剧烈会导致高温、腐蚀性盐的浓缩和高浓度酸性沉积物的生成，造成剧烈腐蚀。

（3）固体颗粒的作用。烟气带入的飞灰、浆液中石英砂、石膏和碳酸钙等颗粒的增加会使磨蚀加剧。

（4）流速。提高介质的流速，容易损坏金属表面的钝化膜，使腐蚀产物易于脱落，加剧腐蚀。

（5）设备结构。设备中不合理的结构会造成局部应力，造成腐蚀介质的停滞和局部过热等现象，导致金属腐蚀加剧。

第二节　防腐作业要求

1. 橡胶衬里的施工作业要求是什么?

答：橡胶衬里施工的主要要点包括设备表面处理、施工气候、胶板搭接方法和检验。

（1）橡胶衬里金属表面的粗糙度必须合格，最低粗糙度为50μm，金属表面必须清洁、干燥，露出本色，无锈迹、油污。

（2）金属表面温度在任何时候都要保持高于露点温度2.8℃，最佳施工温度为20~25℃，相对湿度不大于70%，以防产生凝结水。

（3）喷砂处理后，必须在规定的时间内涂覆底涂料，防止基体表面喷砂处理后二次生锈，在粘贴胶片前应在底涂层上涂刷两遍黏合胶，充分压实，保证无气泡。

（4）两块胶板接缝处必须有50mm重叠接合面，胶片的边缘用刀割成坡口，坡口宽度为10~20mm。

（5）对混凝土基体表面应按实际要求进行喷砂处理，除去杂物，表面残余湿度应低于4%。

2. 橡胶衬里施工中及衬贴胶片后的检测项目主要包括哪些？

答：（1）橡胶衬里施工中检测项目包括胶板抽检厚度，基体喷砂后的粗糙度检测，施工温度、湿度检测和混凝土湿度检测。

（2）衬贴胶片后的检测项目有衬里厚度、硬度、密封性以及用样品进行抗剥离强度试验，采用电火花检测仪检测橡胶衬里的密封性，密实性不合格处在规定电压下检测时会产生放电现象。对不同类型的胶板，电火花检测电压不同。

3. 树脂类防腐工程的施工作业要求有哪些？

答：（1）施工环境温度宜为15~30℃，相对湿度不宜大于80%。施工环境温度低于10℃时，应采取加热保温措施。原材料使用时的温度，不应低于允许的施工环境温度。

（2）当酚醛树脂采用苯磺酰氯固化剂时，施工环境温度不应低于 17℃。

（3）当采用低温施工型呋喃树脂时，施工和养护的环境温度不宜低于-5℃，树脂砂浆整体面层的施工环境温度不宜低于0℃。

（4）当采用呋喃树脂或酚醛树脂进行防腐蚀施工时，在基层表面应采用环氧树脂胶料、乙烯基酯树脂胶料、不饱和聚酯树脂胶料或纤维增强塑料做隔离层。

（5）树脂类防腐蚀工程施工前，应经试验选定适宜的施工配合比并确定施工操作方法后，方可进行大面积施工。

（6）树脂类防腐蚀工程各层之间的施工间隔时间应根据树脂的固化特性和环境条件确定。

（7）施工中严禁使用明火或蒸汽直接加热。

（8）在施工及养护期间，应采取通风、防尘、防水、防火、防曝晒等措施。

（9）树脂、固化剂、稀释剂等材料应密闭贮存在阴凉、干燥的通风处，纤维增强材料、粉料等材料均应防潮贮存。

4. 树脂玻璃鳞片胶泥的配制有何要求？

答：（1）树脂玻璃鳞片胶泥的封底胶料和面层胶料应采用与该树脂玻璃鳞片胶泥相同的树脂配制。

（2）树脂玻璃鳞片胶泥料与环氧树脂固化剂、引发剂按比例配置时，宜放入真空搅拌机中，在真空度不低于0.08 MPa的条件下搅拌均匀。

5. 间歇法纤维增强塑料的施工要求有哪些？

答：（1）先均匀涂刷一层铺衬胶料，随即衬上一层纤维增强材料，必须贴实，赶净气泡，其上再涂一层胶料，胶料应饱满。

（2）固化并修整表面后，再按上述程序铺衬以下各层，直至达到设计要求的层数或厚度。

（3）每铺衬一层，均应检查前一铺衬层的质量，当有毛刺、脱层和气泡等缺陷时，应进行修补。

（4）铺衬时，同层纤维增强材料的搭接宽度不应小于50mm；上下两层纤维增强材料的接缝应错开，错开距离不得小于50mm，阴阳角处应增加1~2层纤维增强材料。

6. 连续法纤维增强塑料的施工要求有哪些？

答：（1）一次连续铺衬的层数或厚度不应产生滑移，固化后不应起壳或脱层。

（2）铺衬时，上下两层纤维增强材料的接缝应错开，错开距离不得小于50mm，阴阳角处应增加1~2层纤维增强材料。

（3）应在前一次连续铺衬层固化后，再进行下一次连续铺衬层的施工。

（4）连续铺衬到设计要求的层数或厚度后，应固化后进行封面层施工。

（5）纤维增强塑料封面层的施工应均匀涂刷面层胶料，当涂刷两遍以上时，待上一遍固化后，再涂刷下一遍。

（6）当纤维增强塑料作树脂稀胶泥、树脂砂浆、树脂细石混凝土和水玻璃混凝土的整体面层或块材面层的隔离层时，在铺完最后一层布后，应涂刷一层面层胶料，同时应均匀稀撒一层粒径为0.7~1.2mm的细骨料。

7. 树脂玻璃鳞片胶泥整体面层的施工有何要求？

答：（1）在基层上应均匀涂刷封底料，并用树脂胶泥修补基层的凹陷不平处。

（2）将树脂玻璃鳞片胶泥摊铺在基层表面，并用抹刀单向均匀

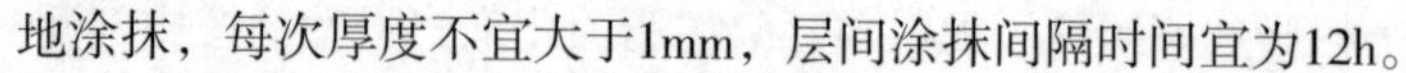

地涂抹，每次厚度不宜大于1mm，层间涂抹间隔时间宜为12h。

（3）树脂玻璃鳞片胶泥料涂抹后，在初凝前，应单向滚压至光滑均匀为止。

（4）施工过程中，表面应保持洁净，若有流淌痕迹、滴料或凸起物，应打平整。

（5）同一层面涂抹的端部界面连接，不得采用对接方式，应采用斜错搭接方式。

（6）当采用乙烯基酯树脂或不饱和聚酯树脂玻璃鳞片胶泥面层时，应采用相同的树脂胶料封面。

8. 树脂玻璃鳞片涂料的施工作业要求是什么？

答：（1）施工环境相对湿度宜小于85%，施工环境温度不应低于5℃，被涂覆钢结构表面的温度应大于露点温度3℃。

（2）基体表面焊缝、边角、孔内侧等难以施工的部位，应采用预涂装施工处理。

（3）在混凝土或木质的基层上，应采用稀释的环氧树脂及配套稀释底涂料进行封底处理，再用耐腐蚀树脂配制胶泥修补凹凸不平处，修补区域干透后，应打磨平整，清洁干净，再进行底涂层施工。

（4）不得自行将涂料掺加粉料，配制胶泥，也不得在现场用树脂等自配涂料。

（5）在大风、雨、雾、雪天或强烈阳光照射下，不宜进行室外施工。

（6）当在密闭或有限空间施工时，必须采取强制通风。

（7）防腐蚀涂料和稀释剂在运输、贮存、施工及养护过程中，严禁明火，并应防尘、防暴晒，不得与酸、碱等化学介质接触。

（8）涂料的施工可采用刷涂、滚涂、喷涂，涂层厚度应均匀，不得漏涂或误涂。

（9）施工工具应保持干燥、清洁。

（10）每次涂装应在前一次涂膜表干后进行，涂覆间隔时间见表7–1。

表7–1　涂覆间隔时间

温度（℃）	5~10	11~15	16~25	26~30
间隔时间（h）	≥30	≥24	≥12	≥8

9. 内衬施工完后外观检查不允许存在哪些缺陷？

答：（1）表面明显的凹凸。

（2）渗透不良，异物混入。

（3）气泡鼓起、剥离。

（4）机械损伤。

（5）接合不良。

10. 如何消除鳞片胶泥施工界面生成的气泡？

答：主要可从抑制生成及滚压消除两方面着手：

（1）抑制生成。

1）施工作业中严禁随意搅动施工用料，托料、上抹、涂抹依次循序进行，无意翻动、堆积等习惯行为尽可能减少。

2）涂抹时，抹刀应与被涂面保持适当角度，且沿尖角的锐角方向按适当的速度推抹，使胶料沿被保护表面逐渐涂敷，使空气在涂抹中不断从界面间被推挤出，严禁将胶料堆积于防护表面，然后四面滩涂，也不允许随意乱涂。

3）控制一次涂抹速度，采用多层施工，从而使到达层内存留气泡体积较小，分散且封闭的目的。

（2）滚压消泡。使用专制的除泡滚，滚子外包裹一层2~3mm厚的羊毛毡，在滚压过程中，滚子表面的症状是毛刺受外力作用不断扎入鳞片表层，形成一个个导孔，同时气泡内空气在滚动压力作用下从导孔溢出，达到消泡的目的。

11. 简述施工中玻璃钢表面发黏的原因及其解决办法。

答：玻璃钢表面发黏产生的原因有：

（1）空气湿度大。

（2）空气中氧的阻聚作用。

（3）固化剂、促进剂量不合要求。

（4）对于聚酯树脂而言，稀释剂苯乙烯挥发过快、过多，造成树脂中单体不足。

解决办法有：

（1）应保证在相对湿度低于80%的条件下进行玻璃钢制品的手工糊制。

（2）在聚酯树脂中应加足够的石蜡，或在制品表面加玻璃或聚酯薄膜。

（3）一定要根据小样试验确定配方控制用量。

12. 脱硫吸收塔防腐时，应做好哪些防火措施？

答：（1）防腐作业施工区域必须采取严密的全封闭式硬隔离措施，在隔离防护墙上四周悬挂醒目的“防腐施工，10m内严禁动火!”等醒目的警告标志。吸收塔周边及防腐材料存放场地10m处设置安全防护（防火）标志，设置防火警戒线。

（2）严格执行防腐作业施工区域出入制度，安排专人值班，凭证出入，无证人员严禁入内；凡进入防腐施工区域的人员严禁带火种，严禁吸烟；进、出吸收塔只留一个通道，其他通道封闭上锁；室外楼梯只留一个通道，其他通道封闭。

（3）从吸收塔附近引出消防水管至作业地点，处于备用状态，消防栓开关的阀门处必须有人值班，防腐作业地点应配备消防车，保证除雾器冲洗水泵随时备用。

（4）吸收塔内照明必须采用12V防爆灯，灯具距离内部防腐涂层1m以上；电源电线必须使用新的软橡胶电缆，不得有破皮和接头，不得拖地，必须悬挂；电源线插头和插座或电源控制开关必须是防爆型的，应设置在吸收塔烟道外面，防止漏电、触电；三级配电箱必须安装漏电保护器，并且是专人使用和监护，电工必须持证上岗。

（5）吸收塔内设置消防器材（灭火器不少于2台），塔外配料处设置灭火器（2台），吸收塔周边设置灭火器（不少于4台）。

第八章　超低排放改造技术路线

1. 什么是超低排放改造技术路线?

答：在锅炉燃烧和尾部烟气治理等过程中，为使颗粒物、SO_2、NO_x达到超低排放要求，组合采用多种烟气污染物高效脱除技术而形成的工艺流程。

2. 什么是污染物协同治理?

答：在同一治理设施内实现两种及以上烟气污染物的同时脱除，或为下一流程治理设施脱除烟气污染物创造有利条件，以及某种烟气污染物在多个治理设施间高效联合脱除。

3. 什么是 pH 值分区脱硫技术?

答：通过加装隔离体、浆液池等方式对浆液实现物理分区或依赖浆液自身特点（流动方向、密度等）形成自然分区，以达到对吸收塔浆液pH值的分区控制，完成烟气SO_2的高效吸收。

4. 超低排放改造后，大气污染物排放限值达到什么标准?

答：超低排放改造实施后，大气污染物排放浓度应达到燃气轮机组的排放限值，即在基准氧含量6%条件下，烟尘、二氧化硫、氮氧化物排放浓度（标准状态）不高于10 mg/m^3、35 mg/m^3、50mg/m^3。地方政府有更严格的排放限值要求时，应执行地方排放要求。

5. 超低排放技术改造范围包括哪些？

答：超低排放技术改造范围包括低氮燃烧器、烟气脱硝装置、烟气冷却器（可选择安装）、除尘器、湿法烟气脱硫装置、湿式电除尘器（可选择安装）、烟气再热器（可选择安装）及附属设施。

6. 超低排放技术改造各烟气治理设施的作用是什么?

答：（1）脱硝系统。通过低氮燃烧器、选择性催化还原（SCR）、选择性非催化还原（SNCR）技术实现NO_x的高效脱除，使烟气中的NO_x降至50mg/m^3（标准状态）以下。

（2）除尘器前设置烟气冷却器。通过降低烟气温度可以实现减少烟气量、减小烟尘比电阻的作用，降低了除尘器的烟气处理体积，有利于烟尘脱除和余热利用。

（3）除尘器。实现烟尘的高效脱除，脱除率可达99%以上，使烟气中的烟尘降至10mg/m^3（标准状态）以下，同时可以实现SO_3、汞的协同脱除。

（4）湿法脱硫装置。实现SO_2的高效脱除，使烟气中的SO_2降至35mg/m^3（标准状态）以下，同时可以实现烟尘、SO_3、汞的协同脱除。

（5）湿式电除尘器。实现烟尘、SO_3、汞等污染物的脱除。

（6）烟气再热器。将湿烟气加热至合适温度，改善烟囱运行条件，提高烟气的抬升高度，同时还可改善石膏雨和“有色烟羽”现象。

7. 燃煤发电机组超低排放改造工程的脱硫技术路线有哪些?

答：脱硫技术路线主要包括单塔单循环、单塔双区、单塔双循环、双塔双循环等技术，并辅以吸收塔内构件，节能型湍流管栅、烟气聚流环、管束除雾器、屋脊式高效除雾器等装置，采用强化气液传质（优化喷嘴布置、增加均流构件、控制吸收塔内部pH值）、提高液气比（增加喷淋层、优化喷嘴布置）等措施，实现二氧化硫的高效脱除。

8. 循环流化床锅炉的超低排放技术路线有哪些?

答：（1）炉内脱硫（可选用）+SNCR脱硝或SNCR/SCR联合脱硝+除尘器+湿法脱硫+湿式电除尘器（可选用）。

（2）炉内脱硫（可选用）+SNCR脱硝或SNCR/SCR联合脱硝+烟气循环流化床脱硫吸收塔+脱硫除尘器。

9. 燃煤发电机组在实施二氧化硫超低排放控制技术路线的选择过程中应遵循哪些原则?

答：（1）所选择的技术路线实施后，SO_2排放浓度、总量控制应符合国家环保及地方超低排放标准。

（2）选用成熟可靠的烟气脱硫技术，对现役机组改造时应考虑其原有技术及设备，充分利旧，避免资源浪费。

（3）脱硫系统工况、参数应可控，尤其是煤质、烟气参数（入口烟气量及浓度）、脱硫场地等应在合适的范围内。

（4）综合考虑初期投资费用和运行成本，优先使用综合成本相对较低的方案。

10. 单塔双循环脱硫技术工作原理是什么？

答：在单塔双循环吸收塔中，循环收集盘将脱硫区域分割为上下两个循环回路，一级循环回路由吸收塔浆池、一级循环喷淋组成；二级循环由循环收集盘、二级循环浆液箱、二级循环喷淋层组成。

烟气进入吸收塔后，首先经过一级循环，与一级循环浆液逆流接触，经冷却、洗涤脱除部分SO_2，此级循环的脱硫效率一般在30%～80%，循环浆液pH值控制在4.5～5.3，此级循环的主要功能是保证良好的亚硫酸钙氧化效果和充足的石膏结晶时间，在酸性环境（pH值为4.5）中亚硫酸钙的氧化效率是最高的。经过一级循环洗涤的烟气通过循环收集盘和导流锥后进入二级循环，此级循环主要实现的是脱硫洗涤过程，由于不用考虑氧化结晶的问题，二级循环里的亚硫酸钙和硫酸钙含量大幅减少，而吸收剂碳酸钙的含量较高，所以二级循环pH值可以控制在非常高的水平，达到5.8～6.2，这样可以大幅降低循环浆液量。脱硫后的清洁烟气经除雾器除去雾滴后，由吸收塔上侧引出，排入烟囱。

11. 单塔双区脱硫技术工作原理是什么？

答：单塔双区脱硫技术是在石灰石–石膏湿法脱硫过程中使用分区调节器将吸收区和氧化区分隔开的设计方案。采用双区是由于吸收和氧化过程所需的不同浆液酸碱性而决定的。吸收区中需要浆液与SO_2、HCl等酸性气体充分反应，因此浆液pH值应较高。氧化区中发生的氧化结晶反应需要较强的酸性环境，浆液pH值应较低。

在吸收塔浆池部分设置分区调节器，浆液池上部分为氧化区，布置管网式氧化风管；浆液池下部分为中和区，布置浆液循环泵、搅拌装置并注入新鲜的石灰石浆液，使分区调节器之上的浆液pH值维持在4.8～5.5，分区调节器之下的浆液pH值维持在5.5～6.3，实现“双区”运行目的。吸收区完成对烟气中SO_2的吸收，生成$CaSO_3$或$Ca(HSO_3)_2$，而氧化区中则通过对SO_3^{2-}或HSO_3^-的氧化并最终结晶，生成$CaSO_4 \cdot 2H_2O$（石膏）。

12. 单塔双区脱硫技术有哪些优点?

答：（1）适合高含硫或高脱硫效率场合，可实现99.3%以上的高脱硫效率。

（2）浆池pH值分区，实现“双区”。其中上部氧化区pH值为4.8～5.5，生成高纯石膏；下部吸收区pH值为 5.5～6.3，高效脱除SO_2。

（3）配套专有射流搅拌措施，吸收塔内无任何转动部件，且搅拌更加均匀，脱硫系统停运后可以很顺利地重新启动。

（4）循环浆液停留时间可降至3min。

（5）无须塔外罐（塔）及其他配套设施，节约占地面积和大量投资。

（6）吸收剂的利用率高、石膏纯度高。

（7）脱硫系统运行阻力低，比单塔双循环或串联塔低150～250Pa。

（8）系统简单，检修方便，运行维护费用低。

13. 旋汇耦合湿法脱硫技术工作原理是什么?

答：从引风机来的烟气进入吸收塔后，首先进入旋汇耦合区，通过旋流和汇流的耦合，在湍流空间内形成一个旋转、翻覆、湍流度很大的有效气液传质体系，在完成第一阶段脱硫的同时，烟气温度迅速下降；在旋汇耦合装置和喷淋层之间，烟气的均气效果明显增强；烟气在旋汇耦合装置反应中，由于形成的亚硫酸钙在不饱和状态下汇入浆液，避免了旋汇耦合装置结垢。第二阶段进入吸收区，经过旋汇耦合区一级脱硫的烟气继续上升进入二级脱硫区，来自吸收塔上部喷淋联管的雾化浆液在塔中均匀喷淋，与均匀上升的烟气继续反应，净化后烟气经除雾后排放。由于旋汇耦合装置的作用，进入吸收塔的烟气迅速降温，有效实现了在取消GGH（烟气再热器）情况下对吸收塔防腐层与Cl离子浓度有关的保护；由于均气效果的增强，提高了吸收区脱硫效果。

14. 脱硫吸收塔内高效除尘装置管束式除尘除雾器的工作原理是什么?

答：管束式除尘除雾器应用于湿法脱硫塔饱和净烟气携带的雾滴和烟尘的脱除净化。管束式除尘除雾器是一种具有凝聚、捕悉、湮灭作用的装置，它由管束筒体和多级增速器、分离器、汇流环及导流环组成。根据不同的烟气及除尘效果要求，可选择不同的增速器、分离器、汇流环进行多级组合。首先，流经一级分离器将烟气中的较大雾滴和颗粒物进行脱除，然后经过增速器增速后进入二级分离器，脱除粒径更为细小的雾滴和颗粒物。管束式除尘除雾器主要依赖于吸收塔上部低温饱和净烟气中含有大量细小雾滴的特点，利用大量细小雾滴高速运动条件下增加粉尘颗粒与雾滴碰撞的概率，雾滴与粉尘颗粒凝聚从而实现对此部分极微小粉尘和雾滴的捕悉脱除。

15. 吸收塔内增加多孔托盘的优点有哪些?

答：（1）均布气流。烟气由吸收塔入口进入，形成一个涡流区，烟气由下至上通过托盘后流速降低，并均匀通过吸收塔喷淋区。

（2）浆液分布均匀。多孔托盘上的水膜层使浆液分布均匀。

（3）强化脱硫、提高了吸收剂利用率。托盘上形成的一定高度的持液层，延长了浆液停留时间，从而有效降低液气比，提高吸收剂的利用率，降低浆液循环泵的流量和功耗，降低脱硫电耗。

（4）低吸收塔。可以减少液气比和喷淋层，降低吸收塔的高度。

（5）不结垢。激烈的浆液冲刷使托盘不易结垢。

（6）检修方便。托盘可以作为喷淋层和除雾器的检修平台。

（7）节能。较低的液气比和较低的吸收塔高度，使浆液循环泵功率大大减少，足以抵消因烟气阻力增加而增加的引风机功率，高效节能。

16. 塔内托盘技术设计要求有哪些?

答：（1）应根据传质强度需要确定托盘层数和开孔率，托盘层数不宜超过2层，开孔率宜为28%～45%。托盘厚度应为2.5～3.5mm，孔径应为25～35mm。

（2）托盘与吸收塔入口烟道接口最高点的间距不小于0.8m，托盘与最下层喷淋层的间距宜不小于1.8m；当采取两层托盘时，上下层托盘间距宜不小于1.5m。

（3）托盘表面应平整均匀，设计荷载应不低于2kN/m^2。

17. 吸收塔内安装喷淋增效环的作用是什么?

答：靠近吸收塔塔壁区域的烟气常常会发生烟气逃逸现象，从而影响系统的脱硫效率和除尘效率。因此，在每层喷淋层塔壁设置一圈增效环，将塔壁区域的烟气导向吸收塔中心的高密度喷淋区域，有效地封堵逃逸通道，同时也可收集吸收塔壁面上的浆液，进行二次再分布，改善塔壁区域的气液固三相传质状况，从而有效提高脱硫效率。

18. 高效喷淋层技术的应用对脱硫系统产生哪些作用?

答：高效喷淋层与常规喷淋层不同之处在于，高效喷淋层采用的双头双向高效空心锥，单头流量为20～35m^3/h，仅为常规喷嘴流量的1/2，浆液雾化粒径可减小至1400～1600μm，而常规喷淋层喷嘴的浆液雾化粒径在2200～2400μm之间，粒径越小，气液传质更好，捕集效率越高。同时，高效喷淋层的喷淋覆盖率更是高达600%，比常规喷淋层翻了一倍，捕集效率也会大幅度地提高。当高效喷淋层与喷淋增效环协同处理时，对于0.1～1μm的粉尘，有10%～20%的捕集效率；对于1～2μm的粉尘，有20%～40%的捕集效率；对于3～5μm的粉尘，有65%～95%的捕集效率。

19. 高效除雾器采用“一级管式除雾器＋三级屋脊式除雾器”的技术特点有哪些?

答：一级管式除雾器+三级屋脊式除雾器布置于吸收塔顶部，管式除雾器布置在屋脊式除雾器下面，能够均布烟气流场，除去粗颗粒雾滴，除大雾滴（400～500μm）效果显著，阻止大部分携带的粉尘与石膏浆液直接进入屋脊式除雾器，粉尘与石膏浆液粘在管式除雾器上更易冲洗干净。第二层屋脊式除雾器为去除细颗粒雾滴。高效除雾器几乎能100%去除20μm以上的液滴，确保吸收塔出口雾滴浓度小于20mg/m^3（干基），远优于常规除雾器的100mg/m^3（干基）的处理能力。

20. 吸收塔内加装湍流管栅装置的技术特点有哪些?

答：（1）烟气分布更加均匀。湍流管栅提效装置的引入，使得塔内的流场分布更趋于均匀化，抵消了部分进口不均和漩涡对流场的不利影响。吸收塔直径越大，优势越明显。

（2）脱硫效率高。

（3）装置阻力小。

（4）能耗低。比传统脱硫技术的能耗低20%左右。

（5）检修维护方便。湍流管栅提效装置采用模块化设计，便于检修更换；提效装置安装在第一层喷淋层下方，在进行喷淋层检修时，可直接在其上搭建检修平台；脱硫系统进行小修时，无须排空吸收塔浆池内的浆液，检修人员便可进入吸收塔内检查、清理喷淋层、喷嘴以及吸收塔防腐情况，检修维护方便。

21. 节能型湍流管栅脱硫除尘协同控制技术的特点是什么？

答：节能型湍流管栅脱硫除尘协同控制是在湍流持液区、喷淋吸收区和高效除雾区的脱硫除尘技术。SO_2先后在湍流持液区和喷淋吸收区进行两次脱除，通过对喷淋浆液的二次高效利用，实现降低液气比、增强气液传质、提升脱硫效率的目的。同时，烟气中携带的微细颗粒物在湍流持液区经湍流团聚作用长大，并经喷淋吸收区洗涤进入高效除雾区脱除。

22. 在超低排放要求下脱硫空塔喷淋面临哪些问题？

答：（1）难以满足SO_2超低排放要求。空塔喷淋技术不能很好地解决塔内流场和SO_2浓度场均布问题，喷淋区容易出现烟气逃逸现象。

（2）空塔喷淋技术的运行能耗较高。随着效率提高，液气比大幅增加，喷淋浆液利用率低。

（3）空塔喷淋技术的除尘效果难以满足超低排放要求。

（4）喷淋空塔对细颗粒粉尘的脱除率较低。

23. 超低排放改造后，脱硫系统出现正水平衡的原因是什么？

答：（1）锅炉长时间低负荷运行，造成烟气蒸发水量大大减少，副产品石膏带走的水分也相应减少，而除雾器冲洗水、设备密封水等未能按照比例减少。

（2）大部分除雾器由原来的两层平板式改造为三层屋脊式除雾器，除雾器冲洗耗水量增加。

（3）除雾器冲洗时间和冲洗频率设置不合理。

（4）改造后，出口排放浓度降低，造成吸收塔供浆量大幅度增加。

（5）设备增多，冷却水量增大，超过设计水平衡值。

（6）湿式电除尘冲洗水、低温省煤器冲洗水等进入脱硫系统。

（7）吸收塔入口烟气温度降低。

24. 如何解决脱硫系统正水平衡问题，保证脱硫系统安全稳定运行？

答：（1）依据机组负荷和吸收塔液位，合理调整除雾器的冲洗次数，调整除雾器每个阀门的冲洗时间（如由原来的60s调整为30s），减少冲洗水量。

（2）依据机组负荷和燃煤硫分，合理调整浆液循环泵运行台数和供浆量，控制塔内pH值在正常范围，避免通过大量供浆控制出口排放浓度。

（3）合理使用管道及设备的冲洗水量，避免因大量用水而减少了除雾器的冲洗水量，避免因用水量太少而引起设备或管道的堵塞。

（4）关闭停运设备的冷却水和密封水。

（5）石灰石制浆系统尽量使用滤液水。

（6）控制石灰石浆液密度在设计值范围内。

（7）合理排放脱硫废水。

（8）提高真空皮带脱水机的出力，减少脱水系统运行时间。

（9）调整真空皮带脱水机的密封水流量和滤布冲洗水量在合理范围内。

（10）将氧化风机、浆液循环泵等设备冷却水回收至工艺水箱。

25. 双塔双循环脱硫工艺在运行中的关键技术问题有哪些？

答：（1）两个塔浆液pH值控制问题。一级塔主要作用是产生石膏，以及脱除一部分SO_2，因此一级塔浆液需要保持较低pH值，以利于石膏氧化结晶，考虑到一级塔也需要脱除部分SO_2，因此一级塔pH值控制在4.5～5.3为宜。二级塔主要作用是吸收剩余的SO_2，保证出口浓度达标，不需考虑石膏氧化效率，可以控制pH值在较高水平，pH值宜控制在5.8～6.2。

（2）两个塔液位控制问题。一级塔内水分蒸发量远大于二级塔，主要是除雾器冲洗水和工艺水补水；二级塔内补水主要靠除雾器冲洗水和一级吸收塔溢流回水。此外，还可以通过两塔之间设置强制循环或加装旋流器来调节控制两塔液位。

（3）塔内脱硫效率控制问题。为有效控制两个吸收塔脱硫效率，需在两塔之间增设SO_2和O_2浓度测点，一般入口SO_2浓度越高，一级塔控制的脱硫效率就越低，二级塔控制的脱硫效率就越高。在确保脱硫出口SO_2浓度达标排放的前提下，试验一级塔和二级塔浆液循环泵组合方案，来确定满足达标排放的一级塔和二级塔浆液循环泵经济运行方式。

26. 运行中发现哪些情况时，应立即停止湿式电除尘器？

答：（1）电场发生短路。

（2）电场内部异极距严重缩小，电场持续拉弧。

（3）冲洗水管出现破裂或发生漏水情况。

（4）主水泵及备用水泵同时出现故障。

第九章　环保法律法规标准

第一节　大气污染治理相关法律法规标准

1.《中华人民共和国环境保护法》对环境是如何定义的?

答：《中华人民共和国环境保护法》对环境的定义是指影响人类生存和发展的各种天然的和经过人工改造的因素的总体，包括大气、水、海洋、土地、矿藏、森林、草原、湿地、野生生物、自然遗迹、自然保护区、风景名胜区、城市和乡村等。

2. 环境保护应坚持的原则是什么?

答：环境保护坚持保护优先、预防为主、综合治理、公众参与、损害担责的原则。

3. 何谓大气污染物特别排放限值?

答：大气污染物特别排放限值是指为防治区域性大气污染、改善环境质量、进一步降低大气污染源的排放强度、更加严格地控制排污行为而制定并实施的大气污染物排放限值，适用于重点地区。

4. 何谓环境影响评价?

答：环境影响评价是指对规划和建设项目实施后可能造成的环境影响进行分析、预测和评估，提出预防或者减轻不良环境影响的对策和措施，进行跟踪监测的方法和制度。

5. 什么是污染当量?

答：污染当量是指根据污染物或者污染排放活动对环境的有害程度以及处理的技术经济性，衡量不同污染物对环境污染的综合性指标或者计量单位。同一介质相同污染当量的不同污染物，其污染程度基本相当。如二氧化硫、氮氧化物的污染当量值为0.95，一氧化碳的污染当量值为16.7，烟尘的污染当量值为2.18等。

6.《中华人民共和国大气污染防治法》对重污染天气的预警有何规定？

答：省、自治区、直辖市、设区的市人民政府环境保护主管部门应当与气象主管机构建立会商机制，进行大气环境质量预报。可能发生重污染天气的，应当及时向本级人民政府报告。省、自治区、直辖市、设区的市人民政府依据重污染天气预报信息，进行综合研判，确定预警等级并及时发出预警。预警等级根据情况变化及时调整。任何单位和个人不得擅自向社会发布重污染天气预报预警信息。

7. 对国家和地方污染物排放标准的制定有何规定？

答：国务院环境保护主管部门根据国家环境质量标准和国家经济、技术条件，制定污染物排放标准。省、自治区、直辖市人民政府对国家污染物排放标准中未作规定的项目，可以制定地方污染物排放标准；对国家污染物排放标准中已作规定的项目，可以制定严于国家污染物排放标准的地方污染物排放标准。地方污染物排放标准应当报国务院环境保护主管部门备案。

8. 什么情况下需要取得排污许可证？

答：纳入固定污染源排污许可分类管理名录的企业、事业单位和其他生产经营者应当按照规定的时限申请并取得排污许可证；未纳入固定污染源排污许可分类管理名录的排污单位，暂不需申请排污许可证。

9. 排污许可证的有效期限为几年？

答：排污许可证自做出许可决定之日起生效。首次发放的排污许可证有效期为3年，延续换发的排污许可证有效期为5年。

对列入国务院经济综合宏观调控部门会同国务院有关部门发布的产业政策目录中计划淘汰的落后工艺装备或者落后产品，排污许可证有效期不得超过计划淘汰期限。

10. 环境保护税规定了哪些免征情形？

答：根据《中华人民共和国环境保护税法》，纳税人排放应税大气污染物的浓度值低于国家和地方规定的污染物排放标准30%的，减按75%征收环境保护税；纳税人排放应税大气污染物的浓度值低于国家和地方规定的污染物排放标准50%的，减按50%征收环境保护税。

11. 简述新建燃煤发电机组的环保设施和现有发电机组环保设施改造验收流程。

答：新建燃煤发电机组的环保设施由审批环境影响报告书的环境保护主管部门进行先期单项验收。先期单项验收结果纳入工程竣工环保总体验收。

现有燃煤发电机组应按照国家和地方政府确定的时间进度完成环保设施建设改造，由发电企业向负责审批的环境保护主管部门申请环保验收。市级环境保护主管部门验收的，验收结果报省级环境保护主管部门。环境保护主管部门应在受理发电企业环保设施验收申请材料之日起30个工作日内，对验收合格的环保设施出具验收合格文件。

12. 燃煤发电机组二氧化硫、氮氧化物、烟尘排放浓度小时均值超过限值后环保电价的执行及罚款如何界定?

答：燃煤发电机组二氧化硫、氮氧化物、烟尘排放浓度小时均值超过限值要求仍执行环保电价的，由政府价格主管部门没收超限时段的环保电价款。超过限值1倍及以上的，并处超限值时段环保电价款5倍以下罚款。

因发电机组启机导致脱硫除尘设施退出、机组负荷低导致脱硝设施退出并导致污染物浓度超过限值，CEMS因故障不能及时采集和传输数据，以及其他不可抗拒的客观原因导致环保设施不正常运行等情况，应没收该时段环保电价款，但可免于罚款。

13.《中华人民共和国大气污染防治法》规定，以拒绝进入现场等方式拒不接受相关职能部门监督检查，或者在接受监督检查时弄虚作假的，如何进行处罚?

答：《中华人民共和国大气污染防治法》规定，以拒绝进入现场等方式拒不接受环境保护主管部门及其委托的环境监察机构或者其他负有大气环境保护监督管理职责的部门的监督检查，或者在接受监督检查时弄虚作假的，由县级以上人民政府环境保护主管部门或者其他负有大气环境保护监督管理职责的部门责令改正，处二万元以上二十万元以下的罚款；构成违反治安管理行为的，由公安机关依法予以处罚。

14. 企业发生哪些行为，县级以上人民政府环境保护主管部门可责令改正或者限制生产、停产整治？

答：企业发生下列行为之一，县级以上人民政府环境保护主管部门可责令改正或者限制生产、停产整治。

（1）未依法取得排污许可证排放大气污染物的。

（2）超过大气污染物排放标准或者超过重点大气污染物排放总量控制指标排放大气污染物的。

（3）通过逃避监管的方式排放大气污染物的。

15. 违反《中华人民共和国大气污染防治法》规定，造成大气污染事故的，应如何处置？

答：违反《中华人民共和国大气污染防治法》规定，造成大气污染事故的，由县级以上人民政府环境保护主管部门对直接负责的主管人员和其他直接责任人员可以处上一年度从本企业事业单位取得收入50%以下的罚款。

对造成一般或者较大大气污染事故的，按照污染事故造成直接损失的1倍以上3倍以下计算罚款；对造成重大或者特大大气污染事故的，按照污染事故造成的直接损失的3倍以上5倍以下计算罚款。

16. 企业事业单位发生哪些行为，行政机关可对其实施环保按日连续处罚？

答：企业事业单位和其他生产经营者有下列行为之一，受到罚款处罚，被责令改正，拒不改正的，依法做出处罚决定的行政机关可以自责令改正之日的次日起，按照原处罚数额按日连续处罚：

（1）未依法取得排污许可证排放大气污染物的。

（2）超过大气污染物排放标准或者超过重点大气污染物排放总量控制指标排放大气污染物的。

（3）通过逃避监管的方式排放大气污染物的。

（4）建筑施工或者贮存易产生扬尘的物料未采取有效措施防治扬尘污染的。

第二节　固废相关法律法规标准

1. 固体废物的定义是什么？

答：固体废物是指在生产、生活和其他活动中产生的丧失原有利用价值或者虽未丧失利用价值但被抛弃或者放弃的固态、半固态和置于容器中的气态的物品、物质以及法律、行政法规规定纳入固体废物管理的物品、物质。

2. 什么是危险废物？

答：危险废物是指列入国家危险废物名录或者根据国家规定的危险废物鉴别标准和鉴别方法认定的具有腐蚀性、毒性、易燃性、反应性和感染性等一种或一种以上危险特性，以及不排除具有以上危险特性的固体废物。

3. 转移危险废物有哪些规定？

答：转移危险废物，必须按照国家有关规定填写危险废物转移联单，并向危险废物移出地设区的市级以上地方人民政府环境保护行政主管部门提出申请。移出地设区的市级以上地方人民政府环境保护行政主管部门应当商经接受地设区的市级以上地方人民政府环境保护行政主管部门同意后，方可批准转移该危险废物。未经批准的，不得转移。转移危险废物途经移出地、接受地以外行政区域的，危险废物移出地设区的市级以上地方人民政府环境保护行政主管部门应当及时通知沿途经过的设区的市级以上地方人民政府环境保护行政主管部门。

4. 固体废物申报登记和贮存有何要求？

答：产生工业固体废物的单位必须按照国务院环境保护行政主管部门的规定，向所在地县级以上地方人民政府环境保护行政主管部门提供工业固体废物的种类、产生量、流向、贮存、处置等有关资料。

企业事业单位应当根据经济、技术条件对其产生的工业固体废物加以利用；对暂时不利用或者不能利用的，必须按照国务院环境保护行政主管部门的规定建设贮存设施、场所，安全分类存放，或者采取无害化处置措施。建设工业固体废物贮存、处置的设施、场所，必须符合国家环境保护标准。

5.《中华人民共和国固体废物污染环境防治法》对危险废物管理计划有何要求？

答：产生危险废物的单位，必须按照国家有关规定制定危险废物管理计划，包括减少危险废物产生量和危害性的措施以及危险废物贮存、利用、处置措施。危险废物管理计划应当报产生危险废物的单位所在地县级以上地方人民政府环境保护行政主管部门备案。

6. 造成固体废物污染环境事故如何处置？

答：造成固体废物污染事故的，由县级以上人民政府环境保护行政主管部门处二万元以上二十万元以下的罚款；造成重大损失的，按照直接损失的30%计算罚款，但是最高不超过一百万元，对责任的主管人员和其他直接责任人员，依法给予行政处分；造成固体废物污染环境重大事故的，并由县级以上人民政府按照国务院规定的权限决定停业或者关闭。

7. 收集、贮存危险废物，有何规定？

答：收集、贮存危险废物，必须按照危险废物特性分类进行。禁止收集、贮存、运输、处置发行不相容而未经安全性处置的危险废物。贮存危险废物必须采取符合国家环境保护标准的防护措施，并不得超过一处；确需延长期限的，必须报经原批准经营许可证的环境保护行政主管部门批准；法律、行政法规另有规定的除外。禁止将危险废物混入非危险废物中贮存。

8. 危险废物贮存设施的选址原则是什么？

答：（1）地质结构稳定，地震烈度不超过7度的区域内。

（2）设施底部必须高于地下水最高水位。

（3）场界应位于居民区800m以外、地表水域150m以外。

（4）应避免建在溶洞区或易遭受严重自然灾害如洪水、滑坡，泥石流、潮汐等影响的地区。

（5）应在易燃、易爆等危险品仓库、高压输电线路防护区域以外。

（6）应位于居民中心区常年最大风频的下风向。

（7）集中贮存的废物堆选址，基础必须防渗，防渗层为至少1m

厚黏土层（渗透系数≤10^{-7}cm/s），或2mm厚高密度聚乙烯，或至少2mm厚的其他人工材料（渗透系数≤10^{-10}cm/s）。

参考文献

[1] 电力行业职业技能鉴定指导中心. 脱硫值班员［M］. 北京：中国电力出版社，2007.

[2] 朱国宇. 脱硫运行技术问答1100题［M］. 北京：中国电力出版社，2015.

[3] 周至祥，段建中，薛建明. 火电厂湿法烟气脱硫技术手册［M］. 北京：中国电力出版社，2006.

[4] 中国环境保护产业协会电除尘委员会.燃煤电厂烟气超低排放技术［M］. 北京：中国电力出版社，2015.

[5] 郑逸武，段钰锋，汤红健，等. 燃煤烟气污染物控制装置协同脱汞特性研究［J］. 中国环境科学，2018，38（3）：862–870.

[6] 张文博，李芳芹，吴江，等. 电厂烟气汞脱除技术［J］. 化学进展，2017（12）：1435–1445.

[7] 张磊，陈媛，由静.燃煤锅炉超低排放技术［M］. 北京：化学工业出版社，2016.

[8] 张君. 低温等离子氧化Hg~0及改性吸附剂脱汞研究［D］. 南京：东南大学，2017.

[9] 叶毅科，惠润堂，杨爱勇，等. 燃煤电厂湿烟羽治理技术研究［J］. 电力科技与环保，2017，33（4）：32–35.

[10] 徐铮，孙建峰，刘佳. 火电厂脱硫运行与故障排除［M］. 北京：化学工业出版社，2015.

[11] 史晓宏，张翼，赵瑞，等. 燃煤电厂烟气汞减排技术研究与实践［J］. 中国电力，2016，49（8）：135–139.

[12] 全国环保产品标准化技术委员会环境保护机械分技术委员会，武汉凯迪电力环保有限公司.燃煤烟气湿法脱硫设备［M］. 北京：中国电力出版社，2010.

[13] 吕太，索利慧，孙文博，等. 燃煤电厂现有烟气净化设备脱汞特性分析［J］. 热力发电，2017，46（3）：59–63.

[14] 卢啸风，饶思泽. 石灰石湿法烟气脱硫系统设备运行与事

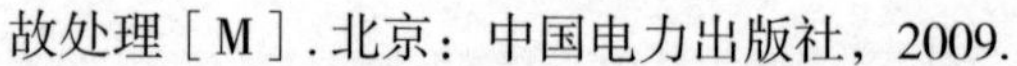

故处理［M］. 北京：中国电力出版社，2009.

［15］刘志坦，惠润堂，杨爱勇，等. 燃煤电厂湿烟羽成因及对策研究［J］. 环境与发展，2017，29（10）：43-46.

［16］郭东明.脱硫工程技术及设备［M］. 北京：化学工业出版社，2011.

［17］杜雅琴. 脱硫设备运行与检修技术［M］. 北京：中国电力出版社，2012.

［18］丁卫科. 低温等离子体改性吸附剂烟气脱汞脱硫实验研究［D］. 南 京：东南大学，2017.

［19］曾庭华，杨华，马斌，等.湿法烟气脱硫系统的安全性及优化［M］. 北京：中国电力出版社，2003.

［20］曾庭华，杨华，廖永进，等.湿法烟气脱硫系统的调试、试验及运行［M］. 北京：中国电力出版社，2008.

［21］曾庭华，廖永进，徐程宏，等.火电厂无旁路湿法烟气脱硫技术［M］. 北京：中国电力出版社，2013.